# APRENDER MÚSICA

Isabelle Peretz

# APRENDER MÚSICA

Prefacio de
**Diego Calderón Garrido**

Traducción de Carme Geronès

Diseño de cubierta e interior: Regina Richling
ISBN: 978-84-120048-1-6
Depósito legal: B-11.397-2019
Impreso por Sagrafic, Passatge Carsi 6, 08025 Barcelona
Impreso en España - Printed in Spain

# ÍNDICE

# PREFACIO

¿Por qué escucho música? Sí, sí, ¿por qué? ¿Cuál es el motivo que un día me llevó a querer aprender a tocar la guitarra? «Mamá, quiero hacer lo mismo que Mark Knopfler.» Me acuerdo como si fuese ayer. Ese día, que no es necesario decir que no fue ayer ni mucho menos, cambió mi vida. Me llevó a dedicar horas y horas al instrumento, a intentar que los dedos fuesen donde se suponen que debían ir para que sonase lo que escuchaba en mi cabeza. Pero, ¿en qué momento esa gimnasia muscular se convirtió en algo más que eso? ¿En qué momento empezó a ser música lo que salía de allí? Y algo que en su día me intrigaba más aún: ¿por qué después de horas y horas escuchándome a mí mismo ponía un CD para seguir escuchando a otros? ¿Por qué mi ocio estaba repleto de lo mismo que mi tiempo de formación y, posteriormente, mi profesión?

Lo sé, demasiadas preguntas para un solo párrafo. Demasiadas preguntas para un prefacio. Pero no se preocupen, a todas ellas encontramos respuesta en, apenas, 140 páginas. Respuestas ofrecidas de forma directa y divulgativa -que no por ello falta de saber científico- por Isabelle Peretz.

Un conocimiento compartido que nos adentra en el placer musical provocado por las dopaminas. Actividad cerebral que nos acompaña desde el nacimiento. Actividad que los estudios reflejados en este libro demuestran cómo las variaciones armónicas afectan a los bebés de apenas días. Actividad que ya nos afecta incluso en el vientre materno. Actividad que nos acompaña toda nuestra vida y que, en nuestro periodo escolar, ha mostrado innumerables beneficios. Un desarrollo cognitivo que va más allá de ese placer descrito. Así pues, si tal es ese desarrollo, ¿por qué no hacer de la música una herramienta transversal? Y es que ya podemos afirmarlo de manera categórica gracias a la neurociencia: la práctica musical modela el cerebro influyendo así en el resto de competencias y capacidades.

Para poder beneficiarnos plenamente de estos procesos debemos conocer cuáles son los periodos más "propicios", así como las diferentes habilidades musicales de cada persona, desde la predisposición a un talento poco habitual hasta la amusia. Habilidades que en muchos casos ya son heredadas. Sobre este tema existen muchos mitos, y Peretz se encarga de darnos razones para poder argumentar cada uno de los postulados, más allá del discurso extendido sobre la necesidad de 10.000 horas de practicar para dominar un instrumento. Entre esos argumentos el lector se encontrará una desmitificación del oído absoluto que, sin duda, no dejará indiferente a nadie.

En este sentido, merece mención especial el aprendizaje de la música en edades avanzadas. Línea en la que se está progresando mucho en los últimos tiempos debido a los beneficios mostrados, por ejemplo, sobre la atención y la planificación en personas de 70 años que llevaban 4 meses de estudio de piano y lenguaje musical.

Pero no nos engañemos, capacidades musicales, y especialmente vocales, tenemos todos. En el capítulo 11 se describe un estudio realizado sobre 100 personas anónimas que así lo demuestra. Por tanto, posibilidades de beneficiarnos de la práctica musical tenemos todos. En este sentido, tal como nos recuerda la autora, debemos tener presentes los beneficios del baile en nuestro estado anímico. Baile como parte de la expresión musical. Baile como reflejo del ritmo y generador de sonidos.

El caso es que, más allá del músico y su instrumento, se nos presenta una actividad social y conciliadora que nos mueve a compartir con las personas que nos rodean. Una actividad que se aprende mejor así, en compañía. Una actividad que se refuerza a través de la imitación del otro.

Es difícil elegir un capítulo en este libro. Pero si he de hacerlo me decantaría por el 17. "Pistas para aprender música." Por razones totalmente subjetivas, el que firma este prólogo encuentra en él respuestas a cualquier persona que se me acerque y me diga: "¿Cómo podría hacer para aprender a tocar un instrumento?" "Dime cómo eres y te diré cómo podrías hacer" será mi respuesta después de la lectura de dicho capítulo.

En definitiva, se encuentra usted ante un libro apasionante. En pequeño formato. Lleno de conocimiento. Lleno de música. Un libro escrito con la humildad propia del investigador que quiere comunicar de una forma "llana" el saber científico. Una humildad de una autora que nos ofrece un acercamiento de inigualable valor hacia el arte. Disfrútelo. Yo lo he hecho.

*Dr. Diego Calderón-Garrido*

# PRÓLOGO

Todo el mundo conoce la atracción que ejerce la música. Muy pocos son los que saben cuál es la ciencia que marca sus pautas.

La música no es el invento de un genio. La música es el producto de nuestras neuronas. Al igual que el lenguaje oral, la música existe en todas las formas de sociedad humana que hemos podido examinar hasta nuestros días. ¿Acaso hemos sido músicos desde tiempos inmemoriales? ¿Músicos que hoy han perdido la conciencia de serlo?

En efecto, todos los seres humanos nacen músicos. La música no es un misterio al que solo tienen acceso los iniciados. Todos compartimos este conocimiento. Para algunos, sin embargo, se trata de un conocimiento intuitivo, algo que no se enseña, que se adquiere de forma automática por simple exposición a él, desde el nacimiento. Curioso, cuando menos.

Al nacer, el ser humano siente inclinación por la música, una tendencia establecida en su organización cerebral. Llegamos al mundo con un cerebro musical que nos permite absorber todas las músicas del mundo. Por otra parte, como veremos más adelante, con la música, el cerebro libera dopamina, la hormona de la felicidad, básica en todo tipo de aprendizaje. ¿Qué ventajas nos reportará, pues, el aprendizaje de la música? Según las últimas investigaciones, el alumno que dedica un tiempo a una actividad musical destaca en el ámbito escolar y es más altruista. ¿Es preciso que el niño tenga oído musical? ¿Y si desafina? ¿Y qué hay del adulto que decide lanzarse a dicho aprendizaje, aunque sea tarde, cuando se jubila? ¿Podrá aprender a componer música? Los docentes y los responsables de los sistemas educativos se formulan un sinfín de preguntas al respecto, y las trasladan a los expertos. Vamos a ver hasta qué punto tiene una base científica el entusiasmo que suele despertar la educación musical.

En este libro explicamos de qué forma la música nos modifica el cerebro. Exponemos las bases inherentes de la musicalidad y abarcamos el periodo crítico, las diferencias individuales, la herencia, el oído absoluto, el prodigio y lo contrario: la amusia. Abordamos seguidamente una serie de competencias de índole social, como el canto y el baile. Por fin exponemos las bases del aprendizaje de la música y concluimos con las posibilidades de aplicación de estos conocimientos científicos en el campo de la educación musical.

Presentamos cada uno de sus aspectos sin rodeos, alrededor de una realidad científica rigurosa ilustrada por medio de nuestras intuiciones científicas. Seguimos en el texto el sistema de comunicación breve. La neurociencia de la música evoluciona con gran rapidez. Cada uno de los capítulos del libro pueden leerse independientemente del resto.

No se trata de un libro de recetas. Se dirige más que nada a los amantes de las (auténticas) realidades científicas. En efecto, estoy convencida de que todo el mundo tiene acceso a los conocimientos científicos y a sorprenderse con ellos.

1

# EL PLACER MUSICAL

De entrada nos planteamos una serie de preguntas. ¿A qué obedece la práctica de la música durante horas? ¿Por qué hay que pasar el tiempo escuchando música, e incluso comprando música? La respuesta es muy simple: la música proporciona un placer inigualable. La música reporta un beneficio de lo más accesible e inofensivo.

No es una idea nueva. Sin embargo, hasta hace muy poco la investigación ha sido incapaz de demostrar el vínculo existente entre la euforia que suscita la música y la secreción de dopamina en los circuitos cerebrales de la recompensa. La dopamina es un neurotransmisor liberado básicamente por el núcleo accumbens, una estructura del cerebro conocida desde hace mucho tiempo como el punto del placer.

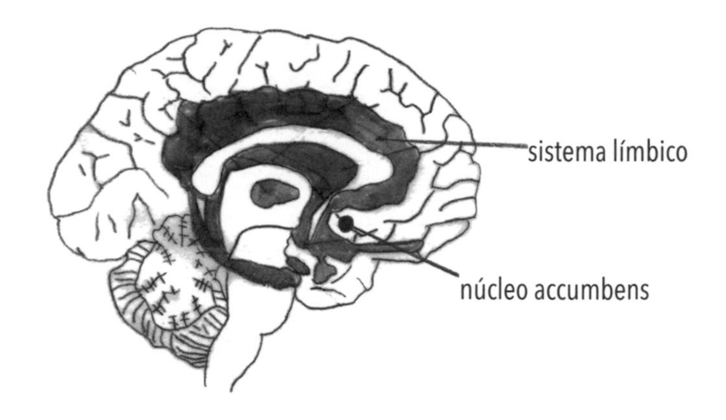


Debemos este importante avance a Robert Zatorre de la Universidad McGill y a su equipo. Ellos demuestran que el estremecimiento que suscita la música está vinculado a la secreción de dopamina en el núcleo accumbens [1]. Dicho fenómeno no se limita a nuestra música favorita, sino a músicas nuevas que nos atrajeron la primera vez que las escuchamos. Un excelente estudio nos lo muestra [2]. La experiencia se lleva a cabo en una prueba de resonancia magnética en la que cada participante aporta entre cero y dos euros (de su bolsillo) para la adquisición de melodías recomendadas por un programa informático, que corresponden a las preferencias musicales de cada uno de ellos. Las imágenes del cerebro muestran un vínculo claro entre la apuesta y la actividad observada en el circuito de la recompensa. Cuanto mayor es la apuesta, más interés tiene el comprador por conseguir la melodía concreta y mayor es la actividad de la red de placer.

Dicha red, denominada también de la recompensa, comprende, evidentemente, el núcleo accumbens, situado en el sistema límbico, la parte emocional del cerebro, pero también el córtex auditivo, situado en la parte superior del lóbulo temporal, así como el córtex órbitofrontal. Las dos zonas citadas (córtex auditivo y órbitofrontal) están más desarrolladas en el cerebro humano que en el animal y son esenciales para la cognición musical.

Con ello comprendemos mejor a través de qué mecanismos la música puede suscitar incrementos de placer (*highs*), que se describen como más intensos y alucinantes que los que provocan las drogas, de ahí la expresión «sexo, drogas y rock and roll». En efecto, si preguntamos a unos estudiantes qué es lo que les proporciona más placer en la vida nos responderán que para ellos la música se sitúa después del sexo y del sol, y mucho antes que la comida y el sueño [3].

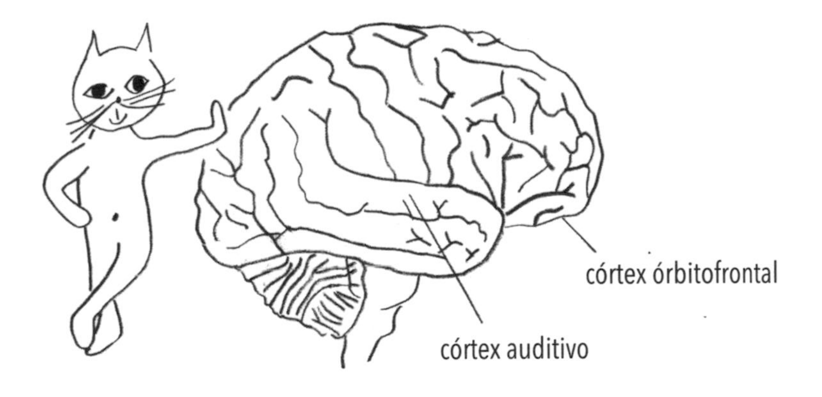


La música podría actuar sobre el cerebro al igual que la estimulación eléctrica directa del núcleo accumbens en la rata [4]. Cuando la rata estimula por medio de la electricidad su núcleo accumbens con la acción de una palanca conectada a esta estructura profunda del cerebro, pierde todo deseo de alimentarse y se autoestimula hasta perder la razón. Un descubrimiento que se llevó a cabo en Montreal y se ha convertido en un clásico de la neurociencia. El ser humano, en cambio, parece capaz de dosificar el placer. ¡No tenemos noticia de ningún caso de abuso en el campo del consumo musical!

La búsqueda del placer vinculada a la música podría ser una de las bases del aprendizaje de esta materia. Al hacer agradable el aprendizaje, la memorización y la motivación por repetir la experiencia se inscriben en las redes cerebrales, sobre todo gracias a la acción de la dopamina.

## Referencias citadas

[1] Salimpoor, V. N., Benovoy, M., Larcher, K., Dagher, A. y Zatorre, R. J. (2011), «Anatomically distinct dopamine release during anticipation and experience of peak emotion to music», *Nature Neuroscience*, 14, pp. 257-262.

[2] Salimpoor, V. N., Van den Bosch, I., Kovacevic, N., McIntosh, A. R., Dagher, A. y Zatorre, R. J. (2013 «Interactions between the nucleus accumbens and auditory cortices predict music reward value», *Science*, 340 (6129), pp. 216-219.

[3] Dubé, L. y Le Bel, J. (2003), «The content and structure of laypeople's concept of pleasure», *Cognition and Emotion*, 17, pp. 263-295.

[4] Olds, J. y Milner, P. (1954), «Positive reinforcement produced by electrical stimulation of septal area and other regions of rat brain», *Journal of Comparative and Physiological Psychology*, 47, pp. 419-427.

2

# SOMOS MUSICALES DE NACIMIENTO

Sabemos que el cerebro del bebé responde con discernimiento a la música desde el primer momento. Nacemos con las principales redes de conexión cerebrales ya en su lugar, y en plena actividad determinadas redes especializadas en la organización jerárquica del tono musical (armonía) y la duración (periodo métrico) de los sonidos.

Las investigaciones llevadas a cabo en Milán por el equipo de Daniela Perani sobre el cerebro de los recién nacidos de entre uno y tres días ponen de relieve una importante complejidad del córtex auditivo del hemisferio cerebral derecho como respuesta a la música [1]. En estas pruebas, aíslan a los recién nacidos, les colocan unos cascos y los dejan en una cuna en la que se someten a una resonancia magnética. La mayoría de bebés duermen mientras en sus cascos suenan extractos de música clásica (Bach, Mozart, Schubert) en su forma original o bajo una forma modificada. La modificación es algo sutil y consiste en un cambio brusco de tono (que desestabiliza la organización del tono musical, la armonía), es decir mediante un desplazamiento de la línea melódica de un tono (y la creación subsiguiente de la disonancia). Se observa que las transgresiones bruscas de las reglas de la armonía y la incorporación incongruente de la disonancia activan más el córtex auditivo derecho del recién nacido que el izquierdo.

La organización jerárquica de la altura musical, que hace referencia al tono, a las notas y a la armonía, es un sistema de normas difícil de resumir en unas palabras. Y como quiera que se trata de normas asimiladas de modo inconsciente, el lector carente de nociones musicales teóricas tal vez se pregunte en qué idioma hablamos. Sigamos con esta analogía centrándonos en la lengua. En una fase determinada, existen unas palabras más importantes que otras. El conocimiento de la lengua permite adivinar las palabras que el interlocutor aún no ha pronunciado. Lo mismo puede aplicarse a la música. Determinadas notas, como la tónica, que definen la tonalidad del fragmento interpretado, poseen más importancia que otras, que en cierto modo le son impuestas; a eso se le llama jerarquía. La tónica se repite y normalmente acaba la frase, otorgándole un carácter de estabilidad. De este modo, el cerebro construye una organización jerárquica de notas y acordes, una especie de interpretación, sin que dichas notas (o acordes) se sucedan necesariamente una tras otra en el fragmento.

El adulto, independientemente de la formación musical que posea, detecta las transgresiones bruscas de esta estructura jerárquica de la altura en los tonos musicales. Se trata de una transgresión que suena como un error flagrante. La respuesta del córtex auditivo del bebé a estas transgresiones armónicas es sorprendente. Un descubrimiento que indica que el cerebro humano está ya preparado para organizar los sonidos en forma jerárquica.

La complejidad de la respuesta cerebral ya en el momento de nacer no se limita a la dimensión armónica de la música, sino que también se extiende a la percepción del pulso musical (*beat*, en inglés). Efectivamente, ya desde el nacimiento, el cerebro del recién nacido reacciona ante la omisión de una parte acentuada en una secuencia rítmica de percusión [2]. Para deducir si un tiempo es acentuado o átono hay que ser capaz de seguir el pulso musical y de construir una jerarquía denominada métrica. Pensemos en el tictac del reloj, con unos sonidos de igual intensidad, regulares. Percibimos el tic (o el tac) como algo más intenso que el tac (o el tic). Sin embargo, no existe nada en la física del sonido que nos lleve a percibirlo. Es nuestro cerebro el que lo interpreta de esta forma. Lo mismo ocurre con la música: la pulsación no siempre se subraya físicamente, y a pesar de todo la percibimos. Nos planteamos la función del cerebro como un oscilador (o más bien una serie de osciladores) que se alinea, que se sincroniza con la regularidad sonora.

En el caso del recién nacido, tales interpretaciones armónicas y métricas no solo proceden de una preparación del cerebro, sino probablemente también de una disposición previa *in utero*. El feto percibe el entorno sonoro durante el último trimestre de la gestación. Memorizará para siempre, al menos cuatro meses después del nacimiento, por ejemplo, la canción «Estrellita dónde estás» cuando esta forme parte de su mundo durante el último trimestre del embarazo de la madre [3]. Por otra parte, el feto está mucho más expuesto a la voz de su madre, a los latidos cardiacos y ruidos digestivos de ella que a la música, aunque sea música de profesión. Así pues, parece que la preparación del cerebro para organizar (y memorizar) la música es innata, es decir, procede de los genes.

Si bien el cerebro humano nace ya predispuesto a la música, inicia su andadura inmaduro en una infinidad de aspectos. Creemos que el largo periodo de inmadurez respecto a otras especies animales ha ido mejorando en el transcurso de la evolución, lo que permite que un cerebro tan complejo como el humano se transforme mediante la experiencia. El bebé es, en efecto, una prodigiosa máquina de aprendizaje.

En realidad, el cerebro del recién nacido no posee únicamente la capacidad de responder a la música tonal occidental, y mucho menos a la música clásica. En efecto: el bebé nace con un cerebro que le permite absorber todas las músicas del mundo.

Las capacidades tempranas permiten captar las propiedades casi universales de la música, como el reducido número de alturas (de 5 a 7 notas) en un fragmento, los pequeños intervalos desiguales entre las notas, el número limitado de duraciones que marcan tiempos regulares y pueden agruparse [4]. Estas características, favorables a la organización jerárquica, al asignar un mayor peso a determinados sonidos quedan reforzadas por la repetición. La repetición de un motivo, de una melodía o de un acompañamiento se utiliza mucho en el campo de la música. No así en otros terrenos de la cognición, y poquísimo en la lengua escrita, en la que, efectivamente, se evita la repetición. Estos conceptos universales favorecen la asimilación de todo tipo de música y reflejan lo que el cerebro humano puede aprender en este campo.

Por ejemplo, los bebés de Estados Unidos, habituados a los ritmos simples (4/4), tendrán más facilidad por este tipo de ritmos, al contrario de los bebés turcos, acostumbrados a ritmos más complejos (5/4). Estos últimos, sin embargo, escogerán ritmos regulares en lugar de ritmos irregulares artificiales, que no existen en ninguna cultura [5].Los bebés tendrán asimismo problemas para detectar cambios en las escalas en las que los intervalos entre notas sucesivas se hayan igualado de modo artificial y que no existan en ningún tipo de música [6]. En resumen, el cerebro manifiesta muy pronto sensibilidad hacia la estructura de la música de su entorno. Dicha música está condicionada, por su parte, por la estructura cerebral que la crea y delimita cuál es el tipo que puede asimilarse y cuál no.

Durante los seis primeros años de vida, el niño capta la estructura de la música de su cultura, del mismo modo que capta la lengua que se habla a su alrededor, por asimilación. Es un aprendizaje que se lleva a cabo de modo espontáneo, sin ningún tipo de formación específica, al igual que la lengua oral. Creemos que entre los seis y los siete años, es decir, en la edad escolar, el niño ha desarrollado ya unas intuiciones musicales que pueden compararse a las de un adulto de la misma cultura que no se dedica a la música.

El niño de seis años, al igual que el adulto que no tiene la música como profesión, posee, pues, intuición en cuanto a la organización jerárquica de la altura y la duración, de modo que «sabe» detectar una nota falsa o a contratiempo. De todas formas no es fácil examinar a fondo la amplitud y la complejidad de este conocimiento inconsciente en el niño. Los investigadores utilizan subterfugios, como en el teatro de marionetas.

A los cinco años, un niño es capaz de discernir qué marioneta canta la mejor canción o sigue mejor el ritmo [1, 2]. De esta forma nos muestra que ha asimilado las convenciones que regulan la estructura de la música occidental. «Sabe» que hay una nota discordante, que sale de la escala en la que se ha compuesto la pieza, o que un acorde no se articula bien (armonía). El niño de cuatro años es incapaz de escoger la mejor marioneta, si bien el registro de la actividad de su cerebro marca claramente la asimilación de las normas. Ante la presencia de una transgresión de las citadas normas, el cerebro del niño de cuatro años responde con la misma claridad que el cerebro del de cinco años. En resumen, el niño de cuatro años ya es, sin saberlo, y sin «darlo a conocer» un experto en música.

En general existe un desajuste entre la percepción y la expresión musical. Al parecer, en música se domina antes la percepción que la expresión. El niño pequeño, por ejemplo, se mueve al ritmo de la música, pero su sincronización con la pulsación no es precisa y se inclina más por músicas relativamente rápidas. De la misma forma, la precisión del canto mejora durante la infancia y alcanza más tarde, hacia la edad de diez años, la del adulto. El desarrollo de la coordinación motriz es más lento que el del sistema cognitivo que le permite, aun así, percibir la música. Resumiendo: la comprensión de la estructura musical es muy anterior a su expresión.

Tal vez a este nivel, por medio del baile y del canto, la educación musical adquiere su importancia plena. La educación musical puede facilitar al niño la expresión de sus intuiciones musicales, situándolas en el marco adecuado, de modo que pueda acelerar su precisión por medio de la estimulación y la imitación.

## Referencias citadas

[1] Perani, D., Saccuman, M. C., Scifo, P., Spada, D., Andreolli, G., Rovelli, R., ... Koelsch, S. (2010), «Functional specializations for music processing in the human newborn brain», *Proceedings of the National Academy of Sciences of the United States of America*, 107, pp. 4758-4763.

[2] Winkler, I., Haden, G. P., Ladinig, O., Sziller, I. y Honing, H. (2009), «Newborn infants detect the beat in music», *Proceedings of the National Academy of Sciences of the United States of America*, 106, pp. 2468-2471.

[3] Partanen, E., Kujala, T., Tervaniemi, M. y Huotilainen, M. (2013), «Prenatal music exposure induces long-term neural effects», *PloS One*, 8 (10), e78946.

[4] Savage, P. E., Brown, S., Sakai, E. y Currie, T. E. (2015), «Statistical universals reveal the structures and functions of human music», *Proceedings of the National Academy of Sciences of the United States of America*, 112, pp. 8987-8992.

[5] Hannon, E. E., Soley, G. y Levine, R. S. (2011), «Constraints on infants' musical rhythm perception: Effects of interval ratio complexity and enculturation», *Developmental Science*, 14, pp. 865-872.

[6] Trehub, S. E., Schellenberg, E. G. y Kamenetsky, S. B. (1999), «Infants' and adults' perception of scale structure», *Journal of Experimental Psychology: Human Perception and Performance*, 25, pp. 965-975.

3

# LA MÚSICA AL SERVICIO DEL APRENDIZAJE DE OTRAS MATERIAS ESCOLARES

¿Es importante que el aprendizaje de la música sea obligatorio en la escuela? Los responsables de los sistemas educativos se preguntan, e interrogan a los expertos, sobre las ventajas de la enseñanza de la música en el desarrollo del niño en general y en la adquisición de capacidades elementales en la escuela, como la lectura y el cálculo. Recientemente, Suiza ha apostado por la educación musical de calidad al incluirla en su Constitución. Otros países europeos, entre ellos Francia, no se quedan a la zaga. Todos están convencidos de que la música es esencial para el desarrollo intelectual del niño. ¿Hasta qué punto tienen razón? ¿Acaso posee una base científica el entusiasmo popular por la educación musical?

## La música nos hace más inteligentes

Una creencia que procede de la gran difusión del «efecto Mozart», según el cual simplemente escuchando música de Mozart mejora nuestro intelecto. Dicho efecto Mozart nos remite a un controvertido estudio llevado a cabo en 1993 que, en una prueba de rotación mental, demostraba que escuchar música de Mozart durante diez minutos aumentaba el rendimiento. Dicha prueba forma parte de las escalas clásicas de medición de la inteligencia. Se trata de un efecto que cuesta reproducir, y por otra parte, el efecto denominado Mozart no es propiamente un efecto: la mejora depende de la música que prefiera cada uno; volveremos más adelante sobre el tema al tocar el trabajo en el campo de la música.

En cambio, la interpretación de la música conlleva una mejora del rendimiento intelectual en el niño. Así pues, no solo hay que oír música, sino que hay que interpretarla, y hacerlo desde los seis meses. En un curioso estudio llevado a cabo en el medio natural [1], Laurel Trainor, profesora de la Universidad MacMaster de Ontario (Canadá), junto con su equipo, examinaron a unos bebés antes y después de su participación semanal en unas clases inspiradas en el método Suzuki. En estas, los bebés y sus padres aprenden un repertorio de canciones siguiendo el ritmo, moviéndose y cantando. Se sugiere a los padres repetir cotidianamente el ejercicio entre todos. Para asegurar que los efectos estudiados son fruto de la participación activa, unos cuantos padres y unos bebés testigo escuchan distintas músicas (sintetizadas) extraídas de la banda sonora de la serie de televisión «Baby Einstein». Un tercer grupo no participa en ninguna actividad específica. La atribución a los grupos activo, pasivo o de control es aleatoria. Después de seis meses, en el laboratorio, se valoran las capacidades musicales del bebé midiendo la duración del tiempo en que fijan la mirada (atención) en el altavoz que difunde una música a la que se han insertado unas transgresiones en la armonía. Los resultados del estudio muestran que únicamente los bebés que han participado activamente en las clases Suzuki dirigen más la atención hacia la música que sigue las reglas de nuestro sistema musical tonal.

Resulta sorprendente constatar esta preferencia por la música tonal tras seis meses de actividades musicales, periodo que, tengámoslo en cuenta, corresponde a la mitad de la vida del bebé, sorprende de verdad. Vale la pena observar cómo mejora la asimilación de las reglas de la armonía tonal. Por otra parte, se amplifican las respuestas cerebrales eléctricas, señal inequívoca de una actividad cortical más sincrónica, la comunicación padres-hijos se intensifica y mejora el desarrollo socioemotivo (exploración, sonrisas) en los bebés «Suzuki» respecto a los bebés expuestos intensamente a la música de «Baby Einstein». Así pues, la actividad musical temprana al parecer propicia la asimilación de la cultura musical y el desarrollo social. En ella detectamos los primeros signos de la inteligencia.

Hacia los seis años vemos de nuevo unos efectos semejantes. Los niños de seis años que van a clase de piano o de canto durante un año obtienen unos puntos más en la escala de medición de la inteligencia (CI) [2]. Las clases de teatro o la ausencia de extras, durante el mismo periodo, no arrojan el mismo resultado. Las conclusiones de este estudio, que adquirió una importancia decisiva en 2004, se muestran a continuación. Se han reproducido a la edad de cuatro años y a la edad de ocho años en Canadá y en Europa. Teniendo en cuenta que el reparto de alumnos en las distintas clases era aleatorio, el aumento en el CI queda claro que procede de las clases de música y no de la motivación de los padres, por ejemplo.

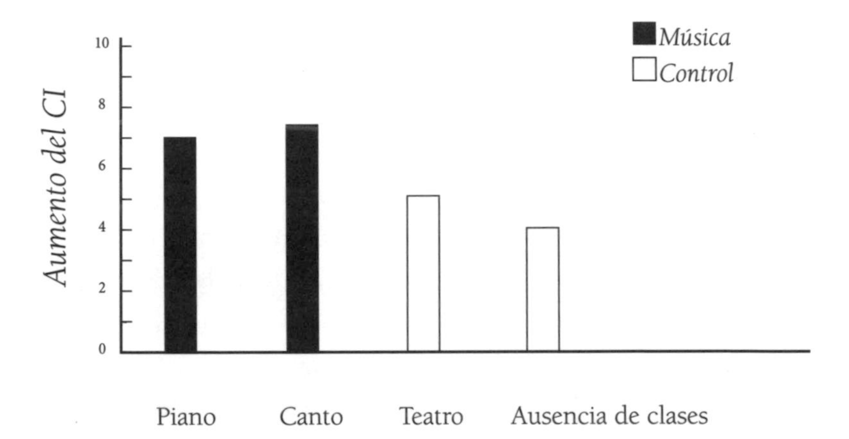


Cabe mencionar que se ha estandarizado la escala de medida de inteligencia más utilizada (la de Wechsler). Por ello puede realizarse la comparación entre estudios. Hay que tener en cuenta, no obstante, que el CI no es una medida «pura» o directa de la inteligencia. En realidad, dudamos de que exista una medida de este tipo. El CI refleja los resultados frente a una serie de pruebas, entre las que se incluye la memoria operativa, que afecta en gran medida a la educación musical.

Parece ser que la ventaja intelectual del joven músico, que se expresa por medio de unos resultados académicos superiores, se mantiene durante toda la etapa escolar. Un estudio reciente [3] llevado a cabo a gran escala (con la participación 180.000 alumnos) y sobre tres grupos consecutivos, confirma que al acabar la educación secundaria (entre 16 y 17 años), los alumnos canadienses que formaron parte de una orquesta de viento (llamada *harmonie* en Quebec), de una coral o de un grupo de cuerda (n = 2300) presentaron un índice de rendimiento medio mayor en todas las asignaturas evaluadas: en matemáticas, en biología y, en menor grado, en inglés. No arrojaron un rendimiento parecido los que asistieron a clases de artes plásticas. Puede afirmarse, pues, que la música en secundaria mejora el aprendizaje de otras asignaturas.

No observamos, sin embargo, la ventaja intelectual en los músicos profesionales en comparación con los que ejercen otras profesiones. Tengamos en cuenta que los estudiantes de música no tienen un CI superior a los universitarios de otras disciplinas. Dicho de otra forma, el aprendizaje de la música constituye una baza cuando dicha actividad forma parte de la educación general. Convertirla en una profesión tampoco asegura el mantenimiento intelectual de alto nivel. La música proporciona ventajas cognitivas a los que la practican, además de seguir con el resto de materias, aunque no para aquellos que sustituyen el resto con ella.

## La música y las matemáticas

Una madre escribe: «Mi hija, matriculada en canto en una importante universidad de Estados Unidos, posee un oído fuera de lo común, y en cambio no asimila la teoría a causa de la discalculia. Probablemente ello demuestra que existe un vínculo entre el aprendizaje de la teoría de la música y las matemáticas. ¿Podrían echarme una mano en este sentido?»

Como nos indica esta consulta, la música y las matemáticas poseen un profundo vínculo en la reflexión popular, un mito afianzado por las imágenes de Einstein tocando el violín. ¿Cuántas personas saben, en cambio, que Milton Friedman, premio Nobel de Economía, otra disciplina basada en las cifras, nunca fue capaz de aprender a tocar el violín? Por suerte, la ciencia nos ayuda a distinguir entre lo que hace referencia al mito y la realidad.

Es cierto que la música posee determinadas propiedades matemáticas. Se trata de una constatación que se remonta a la época de Pitágoras. Las relaciones simples entre números enteros calculados en el curso de la duración (la corchea divide la negra en dos) y el tono (la octava duplica el tono) son armónicas. Todas las nociones de disonancia, progresión armónica y compás se basan en los números. Ahora bien, las propiedades matemáticas no implican de ningún modo que el cerebro trabaje de modo similar en música y en el campo de los números.

Suponiendo que el cerebro funcionara de forma parecida en el campo de la música y en el de las matemáticas, encontraríamos más músicos entre los matemáticos y viceversa. Se puso a prueba tal afirmación entre una serie de doctores que pertenecían a la Asociación Americana de Matemáticas o a la Asociación de Lenguas modernas. El estudio puso de relieve que los matemáticos no son más expertos en música que los lingüistas [4]. Todo ello no parece confirmar, pues, la presencia de un vínculo especial entre música y matemáticas.

¿Afirmamos con ello que las matemáticas y la música constituyen dos formas de inteligencia distintas? Howard Gardner de la Universidad de Harvard [5] defendió esta idea y tuvo una enorme influencia en el medio educativo. Según Gardner, no existe una única forma de inteligencia, sino varias, entre las que puede destacarse la inteligencia musical y la inteligencia logicomatemática. La ciencia es compatible con esta propuesta de aptitudes separadas por la música y las matemáticas. Es posible, no obstante, que dicha separación no sea plausible a todos los niveles.

La música y las matemáticas comparten ciertos mecanismos, de la misma forma que los comparten también la lengua y la música. La consideración en bloque de las facultades o formas de inteligencia, como la música y las matemáticas, facilita la comparación, aunque no necesariamente la comprensión de sus mecanismos de funcionamiento.

Para captar los posibles vínculos entre música y matemáticas es preciso fraccionarlos e identificar qué elementos pueden compartir. Algunos proponen como fundamental la utilización de la repetición, que permite crear un número indefinido de secuencias a partir de un número limitado de sonidos o cifras, no solo en el campo de las matemáticas y la música, sino también en el de la lengua [6]. Habría que demostrar también que la utilización de la repetición funciona de modo idéntico en los tres campos. No tenemos noticia de que se haya realizado ningún estudio relevante en este sentido.

## La música y la lectura

Ya se trate de palabras o de notas, el aprendizaje de la lectura se basa en la asociación de símbolos visuales y de sonidos. Así pues, la lectura musical se asemeja en muchos aspectos a la lectura de palabras, aunque hay que tener en cuenta que la primera no facilita la segunda. Con todo, las investigaciones actuales determinan que el ritmo es el elemento que facilita la adquisición de conocimientos en la lectura alfabética.

La enseñanza de los rudimentos de la música a niños de ocho años durante seis meses, a razón de una clase a la semana, mejora sus resultados en lectura de palabras en relación a los que asisten a clases de pintura con la misma frecuencia [7]. Dichas clases de música están inspiradas en los métodos de Kodaly y Orff, que no recurren a la lectura musical. De modo que lo que explica la ventaja del aprendizaje de la música en relación con el de la lectura no es el de la traducción de un símbolo visual en un elemento sonoro.

Lo determinante sería el aspecto rítmico de los citados métodos. En efecto, una intervención orientada hacia el ritmo, como la de caminar siguiendo el compás de una canción, en alumnos lectores que experimentan dificultades, mejora los resultados en el campo de la lectura. Los resultados de este estudio demostraron que cuanto más avanza el alumno en la sincronización al ritmo de la música, mayor es su progreso en el campo de la lectura. Podría decirse que este tipo de intervención resulta tan efectivo como los métodos tradicionales [8], que se ocupan de los sonidos de la lengua (fonología) y se apoyan en el aprendizaje de la asociación entre grafemas y fonemas, y en el aprendizaje de la rima.

La idea de utilizar el ritmo de la música para facilitar la lectura al niño disléxico procede de la constatación de que el disléxico experimenta a menudo dificultades a la hora de diferenciar los ritmos y acomodarse a ellos [9]. Según la hipótesis actual defendida por una parte por Usha Goswami de la Universidad de Cambridge y por Nina Kraus de la Universidad Northwestern, la dificultad rítmica del disléxico se aplica a todo lo que es de orden temporal, desde el ritmo de la música a la discriminación temporal fina de los sonidos de la lengua. En efecto, la diferenciación entre consonantes, como la T y la D, exige una resolución temporal sutil (del orden de 70 milésimas de segundo). Una alternativa sería la de que el ritmo de la música llevara al niño a prestar más atención a la diferenciación de los sonidos, tal vez porque la actividad resulta más divertida.

Podemos afirmar, pues, que la música fomenta el aprendizaje escolar [3]. La explicación más plausible sería la de que con el aprendizaje de la música mejoran las funciones denominadas ejecutivas. Estas abarcan un conjunto de habilidades implicadas en la planificación, la memoria del trabajo, la inhibición de respuestas inadecuadas y la concentración. Las funciones ejecutivas se conocen como transversales, pues funcionan de la misma forma en la lectura, en las matemáticas, en el aprendizaje de una lengua extranjera y en el aprendizaje de la música. El desarrollo de tales funciones ejecutivas tendría un apoyo en el aprendizaje de la música, sobre todo durante el desarrollo, incluso en la época de la adolescencia.

## Estudiar con música

«Mi hijo estudia con los cascos puestos a todo volumen. ¿Puede ser nocivo para su trabajo?», se preguntan los padres inquietos. Algunos docentes incluso proponen poner música de fondo en la escuela para disminuir el ruido ambiental. ¿Qué dice de ello la ciencia? Los resultados de los estudios en este sentido no coinciden. Por una parte, la música puede ayudar a concentrarse; por la otra, distrae. De modo que hay que dosificar con criterio la música de fondo.

A pesar de que la música tenga efectos positivos en el rendimiento de los atletas, por ejemplo, puede resultar perjudicial para la lectura y la memoria, sobre todo si es música con letra. Existe un gran número de estudios sobre el tema. A título ilus-

trativo nos centraremos en uno reciente [10]. En él, en una fase del aprendizaje, el estudiante memoriza una serie de rostros que ve en una pantalla. A través de los auriculares se le hace oír o bien música instrumental, calificada de alegre o emotiva (nostálgica), o bien el sonido de la lluvia o nada (el silencio). En una segunda fase, el reconocimiento de los rostros se efectúa en silencio. Básicamente, los resultados muestran una mejor memoria bajo una música emotiva y en silencio.

Estos resultados se contradicen con la idea de que la música estimula y aumenta de esta forma la atención, puesto que, en este caso, la música denominada alegre sería la que debería resultar más beneficiosa. En el caso que nos ocupa, por el contrario, es la música alegre, al igual que el sonido de la lluvia, lo que distrae. ¡Imaginémonos los efectos que puede crear el ruido de un aula llena de alumnos o de una oficina en un espacio abierto! El silencio es un bien escaso y valioso que solo consigue reproducir un laboratorio. De todas formas, en la vida cotidiana puede resultar oportuna la música «suave», ya que el ruido suele crear tensión.

La tranquilidad o el placer que suscita la música puede predisponer mejor al alumno para el aprendizaje. Otra cosa es la persona mayor, que ve reducido su recurso en atención. A una edad avanzada, cualquier estimulación que no esté relacionada con la actividad que se realiza, incluyendo el caminar, puede perjudicar. La cantidad varía entre un individuo y otro. Además, es difícil determinar en cada momento la música de fondo que nos conviene.

Por regla general, una dosis moderada de estimulación nos ayuda a concentrarnos en la tarea específica que realizamos y elimina los elementos de distracción. Aparte de esta zona óptima, una estimulación excesivamente débil o excesivamente fuerte podría hacer perder de vista algún elemento relacionado con la tarea. Por tanto, es importante evaluar en todo momento la intensidad, la duración y el contenido de la música de fondo en función de las exigencias de la actividad. Se trata de una especie de medicina individualizada. El empleo de la música como ayuda en el estudio, pues, tiene que aplicarse siguiendo una estrategia.

## Referencias citadas

[1] Gerry, D., Unrau, A. y Trainor, L. J. (2012), «Active music classes in infancy enhance musical, communicative and social development», *Developmental Science*, 15, pp. 398-407.

[2] Schellenberg, E. G. (2004), «Music lessons enhance IQ», *Psychological Science*, 15, pp. 511-514.

[3] Gouzouasis, P., Guhn, M. y Kishor, N. (2007), «The predictive relationship between achievement and participation in music and achievement in core Grade 12 academic subjects», *Music Education Research*, 9, pp. 81-92. 141

[4] Haimson, J., Swain, D. y Winner, E. (2011), «Do mathematicians have above average musical skill?», *Music Perception: An Interdisciplinary Journal*, 29, pp. 203-213.

[5] Gardner, H. (1983), Frames of Mind: *The Theory of Multiple Intelligences*, Basics Books.

[6] Hauser, M. D., Chomsky, N. y Fitch, W. T. (2002), «The faculty of language: What is it, who has it, and how did it evolve? », Science, 298, pp. 1569-1579.

[7] Moreno, S., Marques, C., Santos, A., Santos, M., Castro, S. L., y Besson, M. (2009), «Musical training influences linguistic abilities in 8-year-old children: More evidence for brain plasticity», *Cerebral Cortex*, 19, pp. 712-723.

[8] Bhide, A., Power, A. y Goswami, U. (2013), «A rhythmic musical intervention for poor readers: A comparison of efficacy with a letter-based intervention», *Mind, Brain, and Education*, 7, pp. 113-123.

[9] Goswami, U. (2011), «A temporal sampling framework for developmental dyslexia», *Trends in Cognitive Sciences*, 15, pp. 3-10.

[10] Proverbio, A. M., Lozano, N. V., Arcari L. A., De Benedetto, F., Guardamagna, M., Gazzola, M. y Zani, A. (2015), «The effect of background music on episodic memory and autonomic responses: Listening to emotionally touching music enhances facial memory capacity», *Scientific Reports*, 5, p. 15219.

4

# LA PRÁCTICA DE LA MÚSICA MODELA EL CEREBRO

La actividad musical conforma el cerebro. La primera prueba de ello se remonta a más de 20 años atrás. En un estudio, que se ha convertido ya en clásico, llevado a cabo en la Universidad Konstanz de Alemania, se registró la respuesta del cerebro ante la exposición a unos soplos de aire en cada uno de los dedos de la mano izquierda de unos violinistas [1]. La respuesta cerebral obtenida no solo ocupó una franja más amplia del córtex somestésico que influye en los dedos, sino que se hizo más intensa en los violinistas que en los sujetos que no se dedicaban a la música, salvo en el dedo pulgar, cuyo tacto tiene sus límites en todos. Cuanto antes ha realizado el músico el aprendizaje, más se manifiesta esta diferencia. Lo que exige la práctica con un instrumento habría modelado la representación de los dedos en el cerebro. En este caso hablamos de neuroplasticidad. El descubrimiento, llevado a cabo en 1995, desencadenó un gran fervor por el estudio del cerebro del músico.

La maleabilidad del cerebro se ve con facilidad en los pliegues del córtex motor del músico [2]. Fijémonos bien en la imagen de abajo. Si examinamos las imágenes del cerebro del violinista y del pianista observaremos la parte del córtex motor que representa la mano. Esta región concreta forma una omega invertida (Ω) en el córtex derecho del violinista, en la zona que regula la función de su mano izquierda. En el cerebro del pianista, que ejercita intensa e independientemente las dos manos, pueden discernirse dos omegas en los córtex motores izquierdo y derecho. Es decir, podemos investigar el tipo de práctica instrumental por la señal que deja en el cerebro.

Esta conformación del cerebro a través de la intensa práctica con un instrumento no se limita al córtex motor o somestésico (que refleja la sensibilidad del cuerpo). Encontramos de nuevo diferencias estructurales expresadas por medio de la cantidad

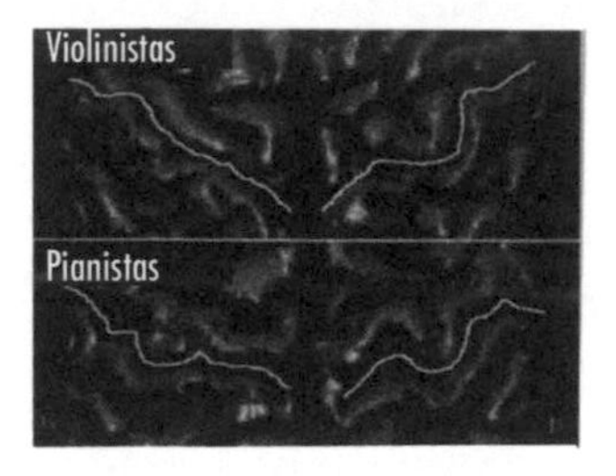


de neuronas (células nerviosas) en las zonas auditivas de los lóbulos temporales y por medio de la cantidad de axones (que se reagrupan en conjuntos de fibras que forman la sustancia blanca) que vinculan dichas zonas con las motrices. Dichas diferencias anatómicas tampoco se limitan a las zonas auditivas y motrices, sino que se extienden hacia el córtex frontal, esencial por el importante papel que ejerce en las funciones denominadas ejecutivas. Volveremos más adelante sobre el tema.

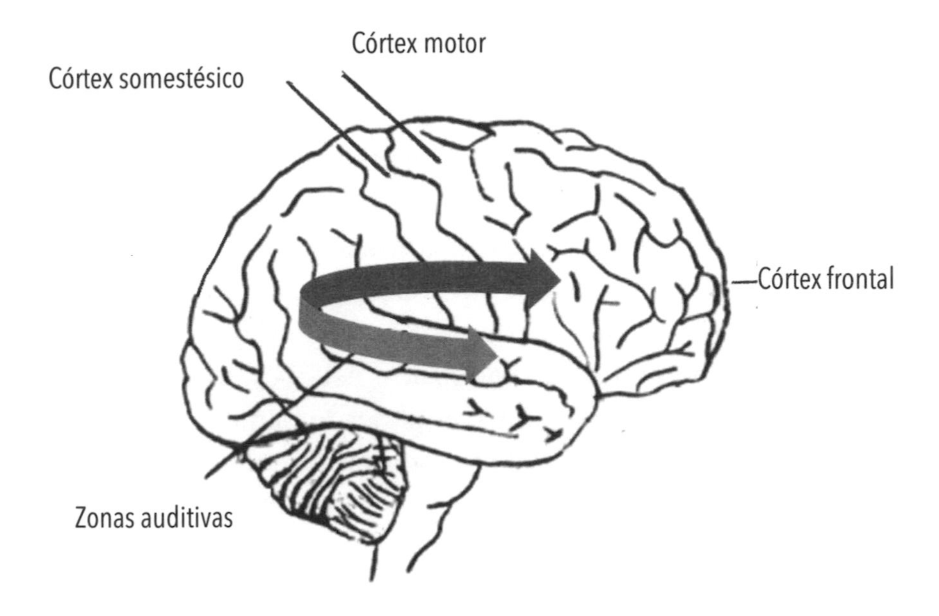


La música no solo modela la estructura del cerebro. La práctica musical afina la actividad cerebral. Observamos la afinación en el registro de la actividad eléctrica en el primer relé situado entre el oído y el córtex, a la altura del bulbo raquídeo [3]. En el músico, la representación de una sílaba sintética [da] se muestra ya a este nivel más precisa, más rápida y estable. La respuesta que se muestra ante el sonido de una nota, ya sea a la altura del bulbo raquídeo o del primer relé cortical en el córtex auditivo primario, se ve amplificada en el músico, sobre todo por el timbre del instrumento principal. Una nota de trompeta, por ejemplo, la registrará mejor el cerebro del trompetista que el del pianista, y viceversa si se trata de la nota interpretada al piano.

Los efectos de la habilidad musical en cuanto a la actividad cerebral no acaban, ni mucho menos, en la percepción de la nota. La pericia musical afecta asimismo las funciones cognitivas más complejas, como las que permiten las interrupciones armónicas. La respuesta eléctrica del cerebro, por ejemplo, es más amplia, lo que refleja en el músico una actividad neural más sincrónica o una mayor unión neural, como respuesta a un fallo sutil en una serie de acordes [4]. Por el contrario, un cambio de instrumento (de piano a marimba, pongamos por caso) en un acorde desencadena evidentemente una respuesta cerebral más amplia, pero en este caso también importante en la persona que no se dedica a la música. Así pues, el cerebro del músico no reacciona como un amplificador sin criterio. Reacciona ante el cambio musical relevante en el contexto y pone de relieve su mayor sensibilidad frente a la estructura armónica.

Esta plasticidad cerebral como respuesta al ejercicio constante con un instrumento musical es sin duda el descubrimien-

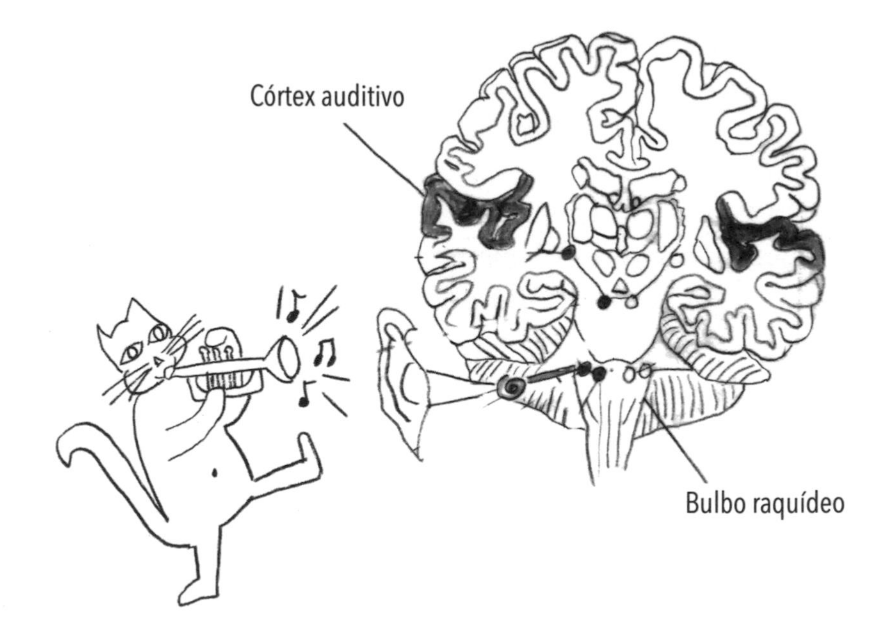

to más espectacular de la neurociencia de la música en los últimos veinte años. La citada plasticidad producida por el aprendizaje, denominada neuroplasticidad, no se limita a la música. Existe un estudio clásico que ilustra a la perfección este fenómeno de cambios duraderos en la estructura del cerebro tras un aprendizaje constante y deliberado. El estudio se realizó con un grupo de taxistas de Londres [5]. Londres es un laberinto de calles, en contraposición a ciudades como Nueva York o París, que han planificado mejor la circulación. Un taxista londinense tarda cuatro años en aprender (sin la ayuda de un GPS) a circular en su entramado. Solo un conductor de cada dos obtiene el permiso para ejercer de taxista. Se sometió el cerebro de estos taxistas londinenses a una resonancia magnética antes y después de obtener el permiso. Antes del aprendizaje, el hipocampo, una estructura inserta en el sistema límbico y crucial para la navegación espacial y para la memoria a largo plazo, tenía un tamaño comparable al de los testigos con los que se emparejaron (en cuanto a edad, CI, etc.). Cuatro años después, el hipocampo de los conductores que aprobaron el examen para el permiso (un 50 % de ellos) tenía más relevancia

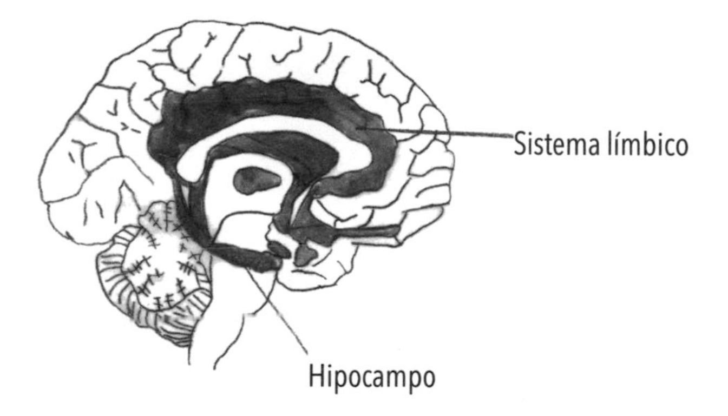

que cuatro años antes y también más que el de los que habían suspendido o el de los que habían sido testigos en el estudio.

El fenómeno de neuroplasticidad estudiado en el músico se asemeja al de los citados taxistas de Londres, si bien ofrece más información en cuanto a la forma de aprendizaje del cerebro humano. El aprendizaje de la música moviliza y transforma la mayor parte de los sistemas cerebrales, y teniendo en cuenta que no es una formación obligatoria en nuestra sociedad, puede medirse con precisión en función de la edad en la que se inicie el aprendizaje. De este modo hemos podido constatar que la neuroplasticidad en general es más importante cuando el aprendizaje se produce en una edad temprana de un periodo crítico; volveremos sobre el tema en el capítulo siguiente. Por otra parte, es posible que determinados cerebros sean más «plásticos» que otros y, por consiguiente, estén mejor preparados para modificarse como respuesta a una práctica musical constante y prolongada; ahondaremos en estas diferencias individuales en el capítulo 6.

El aprendizaje de la música modela el cerebro por medio de distintos mecanismos fisiológicos. El ejercicio musical constante y prolongado conlleva cambios en el tamaño de las redes neuronales y en su precisión temporal, resultantes por su parte del crecimiento de nuevas neuronas y del fortalecimiento de las fibras de conexión (axones) con neuronas próximas o incluso distantes en el interior del cerebro. Es posible también que se densifiquen en las regiones implicadas las células gliales que forman el recubrimiento de la mielina de los axones y permiten aumentar la rapidez de la conducción del mensaje nervioso. Actualmente se encuentran en estudio estos múltiples mecanismos de plasticidad, básicamente por su importancia a la hora de la reeducación en caso de daños cerebrales.

## Referencias citadas

[1] Elbert, T., Pantev, C., Wienbruch, C., Rockstroh, B. y Taub, E. (1995), «Increased cortical representation of the fingers of the left hand in string players», *Science*, 270, pp. 305-307.

[2] Bangert, M. y Schlaug, G. (2006), «Specialization of the specialized in features of external human brain morphology», *The European Journal of Neuroscience,* 24, pp. 1832-1834.

[3] Kraus, N. y Chandrasekaran, B. (2010), «Music training for the development of auditory skills», *Nature Reviews Neuroscience*, 11, pp. 599-605.

[4] Koelsch, S., Schmidt, B. H. y Kansok, J. (2002), «Effects of musical expertise on the early right anterior negativity: An event-related brain potential study», *Psychophysiology,* 39, pp. 657-663.

[5] Woollett, K. y Maguire, E. A. (2011), «Acquiring "the Knowledge" of London's layout drives structural brain changes», *Current Biology*, 21, pp. 2109-2114.

5

# ¿EXISTE UN PERIODO CRÍTICO PARA EL APRENDIZAJE DE LA MÚSICA?

Es importante situar los periodos críticos o «propicios» para el aprendizaje, pues representan intervalos en el desarrollo durante los cuales este se lleva a cabo de una forma más fluida que en otro momento. La adquisición del lenguaje, por ejemplo, debe producirse antes de los tres o cuatro años en el niño sordo de nacimiento, por medio del lenguaje de signos o de un implante eléctrico coclear que permite la transmisión de sonidos para un desarrollo normal. De la misma forma, el aprendizaje de una segunda lengua resulta más fácil antes de la pubertad. Para ciertas habilidades, el intervalo puede ser más limitado –entre cinco y seis años para el oído absoluto–, como veremos más adelante.

Sin embargo, es mucho lo que parece estar en juego antes de la edad de un año. Centrémonos en la lengua. El bebé nace con el potencial de aprender todas las lenguas del mundo. El bebé occidental nace con la capacidad de diferenciar distintos sonidos, por ejemplo entre el [da] indio y el [da] francés. Hacia los nueve meses pierde dicha capacidad, pues no se da el citado contraste, por ejemplo, en el francés. Por lo que se refiere a la música, el bebé nace con la capacidad de diferenciar una ligera anomalía en la regularidad de una serie de sonidos, tanto si esta afecta al tiempo acentuado como al átono [1]. Como hemos visto en el capítulo 2, la percepción del tiempo acentuado o átono es el resultado de la interpretación de un sonido regular de cada dos, como más acentuado que el otro, por ejemplo en el tictac del reloj. Esta capacidad de detectar una anomalía en el tiempo, acentuado o átono, disminuye entre los siete y los doce meses y da lugar a la discriminación adulta, que impone predominio de los tiempos acentuados. A raíz de ello, al adulto le cuesta percibir una alteración en el tiempo átono.

Estos periodos propicios para el aprendizaje muestran un aumento del número de conexiones entre neuronas durante los quince primeros meses de vida y sobre todo el proceso de desprendimiento, que consiste en deshacerse de ciertas conexiones nerviosas inútiles y representa a su vez una forma de plasticidad vinculada a la experiencia. El córtex auditivo posee un periodo de plasticidad más largo que el resto de sistemas sensoriales. El nivel de mielinización de las conexiones (células gliales que recubren los axones), que mejora la velocidad de transmisión de las señales, por ejemplo, en el sistema visual alcanza el nivel adulto ya en los primeros meses de vida. En el córtex auditivo humano siguen produciéndose hasta los 18 años cambios en la organización de las neuronas y en su conectividad. Durante este prolongado periodo se produce una gran proliferación del número de conexiones, estimuladas al mismo tiempo por la experiencia auditiva y por la retroacción de otras regiones del cerebro. En concreto, la mielinización de las conexiones con el córtex frontal, más conocido por su importante papel en las funciones llamadas ejecutivas o de control cognitivo, sigue desarrollándose hasta la edad adulta. Así, el periodo prolongado de plasticidad del córtex auditivo aumenta los intercambios entre las zonas responsables de las funciones denominadas superiores, como la atención selectiva, durante todo el periodo de la infancia.

Ilustran muy bien dicho fenómeno unos experimentos realizados con búhos [2]. En ellos, desde el momento de la eclosión, se lleva a cabo un calibrado del espacio auditivo, que facilita la localización del sonido y del espacio visual, que permite a la pequeña rapaz, por ejemplo, cazar. Se trata de un calibrado que no puede determinarse a priori puesto que la navegación dependerá de la distancia exacta entre los ojos y las orejas. De todas formas, el crecimiento modifica dicha distancia. El biólogo Eric Knudsen, de la Universidad de Stanford, ha estudiado este calibrado mediante la cría de búhos en un entorno visual modificado. La modificación consiste en colocarles unas gafas prismáticas que desplazan en 23 grados el campo visual. Los pequeños búhos compensan el desplazamiento en unas semanas; se calibra de nuevo el espacio auditivo con el espacio visual modificado y ello les permite establecer la correspondencia entre lo que ven y lo que oyen, a fin de localizar la presa. El búho adulto, en cambio, no consigue adaptarse a ello.

Tranquilicémonos: el búho adulto consigue aprender a calibrar la navegación si la desviación se produce de forma progresiva. Si se acostumbra durante unas semanas a 6 grados antes de pasar a 11 grados, y así sucesivamente, consigue aprender. De todas formas sigue siendo limitada la adaptación al uso de lentes con prismas. El búho adulto no llega a alcanzar el calibrado de 23 grados del más joven. Es decir, puede aprender, pero sus circuitos ya no son tan flexibles. Al finalizar el periodo crítico, es más difícil alcanzar las mejoras a causa de la estabilidad conseguida en la red neuronal especializada. La estabilización de las redes neuronales hace que sean más resistentes al cambio.

No se trata de unos resultados espectaculares, y se aplican a una amplia gama de conductas. La ciencia sigue el mismo sentido en el aprendizaje de la música [3]. Cuando la duración del aprendizaje es idéntica, los músicos que empiezan a una edad temprana (antes de los 7 años) alcanzan una mejor integración sensoriomotriz y una mayor precisión temporal que los que empiezan más tarde. Sin embargo, no todas las capacidades se desarrollan siguiendo el mismo ritmo. Cuanto más complejo es el aprendizaje y cuanta más implicación requiere de distintos sistemas cerebrales, más tardía será la estabilización de las redes neuronales, ya que dependerá de los logros anteriores.

## Referencias citadas

[1] Hannon, E. E., Soley, G. y Levine, R. S. (2011), «Constraints on infants' musical rhythm perception: Effects of interval ratio complexity and enculturation», *Developmental Science*, 14, pp. 865-872.

[2] Knudsen, E. I. (2004), «Sensitive periods in the development of the brain and behavior», *Journal of Cognitive Neuroscience*, 16, pp. 1412-1425.

[3] Penhune, V. B. (2011), «Sensitive periods in human development: Evidence from musical training», *Cortex*, 47, pp. 1126-1137.

6

# ¿TODOS IGUALES ANTE LA MÚSICA?

Todos nacemos con un cerebro preparado para responder a la música. Quisiéramos creer que esta capacidad innata nos hace iguales a todos ante el aprendizaje de esta materia. Por desgracia, al igual que las demás habilidades motrices o intelectuales, existen diferencias individuales en dicho aprendizaje.

Las neurociencias enaltecen la plasticidad del cerebro como respuesta al aprendizaje de la música, como si de entrada todos los cerebros fueran iguales. El estudio más influyente en este campo es el que se realizó en la Universidad de Harvard: este [1] muestra que el cerebro del niño de seis años que va a clases particulares de piano media hora a la semana durante quince meses experimenta una modificación. Los córtex auditivos y motrices primarios del citado niño se ampliaron en relación con los de los testigos, que se limitaron a seguir las clases de música obligatorias de la escuela, cuando, en un principio, el cerebro del futuro músico no se diferenciaba de los demás. Dicha modificación de las áreas auditivas y motrices después de más de un año de aprendizaje en el campo de la música lleva aparejado un incremento de la capacidad en motricidad fina y en discernimiento musical. Es posible, no obstante, que los niños que han asistido a clases particulares, cuya huella se ve reflejada en el cerebro un año después, posean una predisposición específica, pues la selección no se hizo al azar.

En otro importante estudio llevado a cabo en Marsella (Francia) [2], se estableció la división entre las clases de música y las de pintura de forma aleatoria, sin tener en cuenta las inclinaciones individuales. Con seis meses de clases de música se obtuvieron respuestas eléctricas corticales más amplias frente a un cambio sutil de tono en la nota final de las melodías. El equivalente en clases de pintura a los ocho años no arroja las mismas mejoras cerebrales. En realidad, todos los alumnos se sentían motivados para el aprendizaje, pues los cursos concluían con un concierto para los alumnos de música y una exposición para los de artes plásticas. Teniendo en cuenta que, al principio, la actividad de los cerebros no presentaba diferencias entre los dos grupos, queda claro que existe un vínculo de causa-efecto entre las clases de música y la actividad intensa y específica del cerebro.

Los efectos de la formación musical sobre las respuestas del cerebro respecto a la música no se limitan a la infancia. Los encontramos en el adulto joven al cabo de tan solo dos semanas de aprendizaje intensivo de piano [3]. Unos adultos jóvenes aprendieron o bien a tocar arpegio al piano o a evaluar la calidad del aprendizaje, durante cinco días a la semana. Es decir, un adulto de cada dos aprendía a tocar mientras el otro observaba su progreso. Transcurridas tan solo dos semanas, el que había aprendido a tocar poseía más capacidad para detectar las notas discordantes en los arpegios y presentaba una respuesta eléctrica cortical más clara que el que se había limitado a asistir a la evolución. Es interesante esta distinción por cuanto muestra que no basta con escuchar con atención, sino que hay que ejecutar.

Aprender a tocar un instrumento musical es una experiencia multisensorial. En la tradición occidental clásica y en el laboratorio, la experiencia musical normalmente se inicia con la traducción de un código visual (lectura) en un movimiento (ejecución). La ejecución de dichos movimientos implica una motricidad fina y una escucha atenta del sonido que se produce. Quien juzga no tiene acceso más que a esta última etapa. Estamos hablando, por supuesto, del juez espontáneo que estudiamos aquí como sujeto testigo. Tal vez lo que le falte al juez en relación con el pianista, aprendices ambos, es la atención constante y la precisión de gesto que se exigen en la ejecución musical, así como el placer de crear sonidos armónicos. Se trata de tres factores importantes en el aprendizaje de la música; volveremos sobre ellos más adelante.

Con todo, quien haya sido testigo de las primeras tentativas musicales sabe perfectamente que esta perspectiva igualitaria es idealista. A pesar de que todos (o casi todos) nacemos con un cerebro dispuesto a organizar la música, las diferencias individuales son importantes. Principalmente en los extremos, con unos cuantos felices elegidos que manifiestan una sorprendente facilidad y otros menos capacitados a los que la música se les hace cuesta arriba.

Por fin las neurociencias empiezan a centrar el interés en las diferencias siguiendo las trayectorias individuales. Un adulto joven puede tardar entre tres y diez días, por ejemplo, en aprender veinte melodías al piano. Las diferencias individuales constatadas en la actividad cerebral previa al aprendizaje de dichas melodías en las zonas auditivas y motrices del cerebro nos permiten, en realidad, prever la rapidez del aprendizaje [4]. Así, visto con más detención, o caso por caso, constatamos que en el aprendizaje de la música no somos todos iguales.

## Referencias citadas

[1] Hyde, K. L., Lerch, J., Norton, A., Forgeard, M., Winner, E., Evans, A. C. y Schlaug, G. (2009), «Musical training shapes structural brain development», *The Journal of Neuroscience*, 29, pp. 3019-3025.

[2] Moreno, S., Marques, C., Santos, A., Santos, M., Castro, S. L., y Besson, M. (2009), «Musical training influences linguistic abilities in 8-year-old children: More evidence for brain plasticity», *Cerebral Cortex*, 19, pp. 712-723.

[3] Lappe, C., Herholz, S. C., Trainor, L. J. y Pantev, C. (2008), «Cortical plasticity induced by short-term unimodal and multimodal musical training», *The Journal of Neuroscience*, 28, pp. 9632-9639.

[4] Herholz, S. C., Coffey, E. B. J., Pantev, C. y Zatorre, R. J. (2016), «Dissociation of neural networks for predisposition and for training-related plasticity in auditory-motor learning», *Cerebral Cortex*, 26, pp. 3125-3134.

# 7

# EL TALENTO MUSICAL

Existe la creencia extendida de que uno lleva o no la música en la sangre. De todas formas, aún está muy enraizada en la ciencia la idea de que cualquiera puede ser músico a condición de que invierta 10.000 horas de práctica persistente. La psicología lleva más de veinte años aferrada a la consigna de «practice makes perfect» [1].

Es cierto que hacen falta muchas horas de práctica regular para poder tocar algún instrumento sin hastiar al prójimo. Son necesarias 10.000 horas para alcanzar el nivel profesional. Hablamos de virtuosismo cuando una persona llega a interpretar 20 notas por segundo o cada una de las notas con una duración, una intensidad y un tono precisos. Por otra parte, una actuación de esta índole exige la sincronización fina entre las dos manos en un solo, así como una consideración sincronizada del resto de músicos o bailarines, en conjunto. Cabe añadir a estas proezas motrices y organizativas todos los detalles sutiles de la interpretación. No debe sorprendernos, pues, que un músico profesional deba consagrar tantas horas a la tarea.

Los violinistas a los que el profesor considera más avanzados son los que dedican más horas al instrumento. Tomando una medida más objetiva, el nivel alcanzado en los exámenes nacionales, vemos que el número de horas consagradas al aprendizaje dice mucho del nivel de éxito [2]. Dicha constatación ha llevado a los psicólogos a rechazar la idea del talento innato. Debe tenerse en cuenta que en estos estudios no se ha considerado el índice de abandono. En efecto, las personas con menos talento, a las que desaniman pronto unos resultados lamentables a pesar de los esfuerzos aplicados, no se han tomado en consideración en esta ecuación. Se trata de la fábula de la liebre y la tortuga.

De todos modos, con la música ocurre como con los árboles del bosque. Los más grandes son los que han contado con mayor cantidad de agua; son los que poseen mejores genes. Nos referimos a los genes que permiten fabricar mejor la materia mediante la metabolización del sol y el aire. El árbol con mejor genética, al ser más grande que los demás, capta una mayor cantidad de sol. Ocurre lo mismo con el músico dotado de talento: cuanto más destaca, más apoyo recibe y más tiempo practica. En el campo de la música existen unos términos que califican a estas personas dotadas de talento: se les llama «prodigios» o «virtuosos». ¿Puede que ello signifique que, al igual que los árboles más altos del bosque, poseen unos genes mejores?

Independientemente de que se trate del tamaño o de la inteligencia, la actitud musical sigue una curva normal. Las pruebas, o los resultados en los exámenes, permiten situar al individuo en esta curva (véase la evaluación de la capacidad musical en el anexo). La inmensa mayoría (95 %) se considera normal, y los extremos, anormales. Así, puede afirmarse que un 2,5 % de la población posee un don musical. Por el contrario, un 2,5 % de la población pertenecería al grupo de los amusicales. Es importante una formación musical individualizada para los que pertenecen a ambos extremos (el de los amusicales y el de los prodigios). Cabe señalar, por otra parte, que la gran mayoría (el 95 %) puede alcanzar un nivel profesional siempre que dedique un número suficiente de horas a la práctica. Una constatación tan simple tendría que animar a todo el mundo a aprender música.

## Referencias citadas

[1] Howe, M. J., Davidson, J. W. y Sloboda, J. A. (1998), «Innate talents: Reality or myth? », *The Behavioral and Brain Sciences*, 21, pp. 399-407.

[2] Sloboda, J. A. (2000), «Individual differences in music performance», *Trends in Cognitive Sciences*, 4, pp. 397-403.

8

# EL BAGAJE GENÉTICO

Nacer músico, o más bien nacer con dotes musicales, es algo que tiene su origen sin duda en el bagaje genético o en el cableado previo del cerebro. ¿Qué genes son los que están en funcionamiento? ¿Es posible que se trate de los mismos genes responsables de la adquisición de la lengua? La exploración del genoma está en plena efervescencia: una exploración impulsada por el ajuste de nuevas técnicas de análisis genético molecular y el fin de la descodificación del genoma humano. Se trata, sin embargo, de una exploración reciente.

De entrada hay que precisar que no se trata de buscar el «gen de la música». El genoma no codifica las funciones cognitivas, ni siquiera las motrices. Los genes codifican proteínas que actúan en el sustrato neuronal del cerebro. Codifican la formación de las neuronas, el acoplamiento de los axones y las conexiones sinápticas. No obstante, si partimos de una manifestación observable, denominada fenotipo, podemos remontarnos a los genes. Es el caso del gen *FOXP2*, identificado gracias al estudio del genoma de una vasta familia la mitad de cuyos miembros sufren un trastorno grave del habla [1]. Así pudo descubrirse que el gen *FOXP2* participa en la adquisición del lenguaje. El *FOXP2* parece ejercer también un papel en el campo de la música. Los miembros de esta familia con problemas de elocución presentaban asimismo problemas de ritmo.

El oído absoluto, que estudiaremos después con más detalle, es otro rasgo, o fenotipo, perfectamente definido. En los pocos músicos que lo poseen, los sonidos evocan automáticamente un nombre de nota. Por tanto, se trata de una habilidad que puede medirse fácilmente. Más difícil resulta, en cambio, la identificación de los genes que llevan asociados. A pesar de todo, vale la pena llevarla a cabo, ya que la investigación genética puede revelar orígenes de la música, sobre todo en relación con el lenguaje.

Los genes no son los únicos que llevan la batuta. El entorno puede influir en la expresión del código genético de un individuo. Estos cambios se denominan epigenéticos y pueden transmitirse a la descendencia. Es el caso del aseo en las ratas [2]. El famoso neurocientífico (psicólogo de formación) Michael Meany de la Universidad McGill demostró que las ratas que lamen mucho a sus pequeños los hacen menos sensibles al estrés que las que asean menos a su prole. Las crías de las ratas que han recibido este tipo de mimos en los inicios de su existencia pasan a ser por su parte madres más cuidadosas, y así sucesivamente. Aquí no se trata de una transmisión genética, pues se obtiene el mismo resultado al intercambiar las madres, de forma que las crías a las que han lamido poco pasan a ser aquellas a las que han lamido más. En realidad, el lameteo influye en la actividad de un gen que protege a las crías de las ratas contra el estrés. Nos referimos a un gen productor de una proteína que contribuye a disminuir la concentración de hormonas del estrés en el organismo. Así pues, los mimos que reciben los pequeños consiguen modificar el funcionamiento de los genes que han heredado al nacer.

Si bien es cierto que no se modifica el bagaje genético, el marcado epigenético puede conseguir su modificación. Ello nos demuestra que la cría de una rata poco afectuosa que se confía a los cuidados de una madre adoptiva que la lame mucho puede acabar desarrollándose con normalidad. Lo que significa que la cría de la rata no lleva estampado su destino en los genes. Consideramos que lo mismo puede aplicarse a la música en el ser humano, cuyo contexto social no es ni de lejos igualitario.

## Referencias citadas

[1] Vargha-Khadem, F., Gadian, D. G., Copp, A. y Mishkin, M. (2005), «FOXP2 and the neuroanatomy of speech and language», *Nature Reviews Neuroscience*, 6, pp. 131-138.

[2] Institut universitaire en santé mentale Douglas, «Épigénétique: quand l'environnement modifie les gènes», www.douglas.qc.ca/info/epigenetique.

9

# LA CUESTIÓN DEL OÍDO ABSOLUTO

Yo misma descubrí que tenía oído absoluto alrededor de los 20 años, cuando me interesé por la psicología de la música. Creía que todas las personas que habían estudiado solfeo asociaban automáticamente un nombre a una nota interpretada al piano sin ver qué tecla se había tocado. Al fijarme en que mis amigos músicos abrían unos ojos como platos comprendí que sentían envidia de que yo poseyera oído absoluto. Yo, por mi parte, en general lo vivía como un problema. Cuando oía un fragmento de guitarra, el instrumento que tocaba yo, tenía en la cabeza ese código estúpido (do, si, sol, do, etc.), y era incapaz de controlarlo. Hay que tener en cuenta que en un pasado no tan lejano, el oído absoluto se veía como un don, una señal de talento, para entrar en los conservatorios o facultades de música. ¡A quienes lo poseían incluso se les dispensaba de las clases de solfeo! Lástima que no realicé mis estudios musicales en aquella época.

En realidad, menos del 10 % de los músicos occidentales poseen oído absoluto. Las poblaciones asiáticas cuentan con un terreno más abonado (o con una mayor fragilidad) para desarrollarlo. Es Estados Unidos, el 47,5 % de los estudiantes de música de origen chino, coreano y japonés poseen oído absoluto, mientras que la cifra en los estudiantes caucásicos baja al 9 % [1]. Esta mayor preponderancia en los asiáticos no obedece al aprendizaje de una lengua tonal, que utiliza variaciones de tono para expresar distintos significados ([mǎ] = caballo y [mā] = mamá), puesto que el coreano y el japonés no son lenguas tonales. Podría ser el resultado de unas variaciones genéticas propias de las poblaciones asiáticas.

Probablemente el prestigio del oído absoluto proceda de su singularidad. De todas formas no es lo que caracteriza a los músicos de talento. Al contrario, llega a ser una desventaja en detrimento del oído relativo, que permite transportar o cantar con palabras distintas al nombre de las notas. Por otra parte, el oído absoluto es bastante común en los autistas, incluso entre los que no destacan en el campo de la música. Se dice que es una habilidad «encapsulada», ya que se desarrolla de manera aislada, sin un vínculo perceptible con el funcionamiento cognitivo y afectivo del individuo.

A un adulto caucásico, incluso al que se dedica a la música, le resulta difícil desarrollar el oído absoluto. En cambio, el niño de cinco o seis años consigue a las cuatro o seis semanas dar nombre a una nota entre siete posibilidades [2]. Al parecer, pues, existe un periodo crítico, alrededor de los seis años, durante el cual puede desarrollarse el oído absoluto. Sin embargo, esto no es suficiente. Muchísimos músicos han conseguido interpretar mucho antes de este periodo, incluyendo la lectura y el solfeo. Sea como sea, la mayoría de jóvenes músicos no consiguen desarrollare el oído absoluto.

En los pocos músicos que poseen el oído absoluto este suele asociarse a una asimetría más marcada del córtex auditivo, con un *planum temporale*, una zona del lóbulo temporal superior, más ancha en la parte izquierda y más reducida en la derecha, así como a una conectividad local (número de sinapsis) más densa. No encontramos esta morfología del cerebro del músico que posee el oído absoluto en el que no lo ha desarrollado a pesar de haber iniciado el aprendizaje igual de pronto [3]. Podría ser que las diferencias estructurales entre los cerebros de los que desarrollan el oído absoluto y los que no existieran, desde el nacimiento. Dichas predisposiciones se expresarían mediante las diferencias individuales claras a la hora de aprender el nombre de las notas sin referencia, durante el periodo crítico de alrededor de los seis años.

Dado que el oído absoluto se presenta como una habilidad aislada, fácil de medir, muchos estudios han intentado identificar los genes responsables de él. Un estudio llevado a cabo con hermanos gemelos confirma su origen genético. Ya que la transmisión no obedece a unas leyes simples, se diría que el oído absoluto está relacionado con la acción de múltiples genes [4].

Hoy en día se considera el oído absoluto como una forma de sinestesia, de asociación involuntaria entre un color y una letra o una cifra. Un sinestésico, por ejemplo, ve el 4 en amarillo y el 9 en marrón. Por otro lado, a menudo quienes poseen oído absoluto son en general más sinestésicos (20 %) que la población en general (4 %). Por otra parte, las familias de «oído absoluto» y las familias sinestésicas compartirían una misma variante del gen *EPHA7* implicado en el desarrollo cerebral [5].

Se cree que el oído absoluto, al igual que la sinestesia, es el resultado de la utilización de conexiones entre redes neuronales adyacentes, que, en un cerebro normal, quedan inhibidas.

## Referencias citadas

[1] Gregersen, P. K., Kowalsky, E., Kohn, N. y Marvin, E. W. (2001), «Early childhood music education and predisposition to absolute pitch: Teasing apart genes and environment», *American Journal of Medical Genetics*, 98, pp. 280-282.

[2] Russo, F. A., Windell, D. L. y Cuddy, L. L. (2003), «Learning the "Special Note": Evidence for a critical period for absolute pitch acquisition», *Music Perception: An Interdisciplinary Journal*, 21, pp. 119-127.

[3] Zatorre, R. J. (2003), «Absolute pitch: A model for understanding the influence of genes and development on neural and cognitive function», *Nature Neuroscience*, 6, pp. 692-695.

[4] Theusch, E. y Gitschier, J. (2011), «Absolute pitch twin study and segregation analysis», *Twin Research and Human Genetics*, 14, pp. 173-178.

[5] Gregersen, P. K., Kowalsky, E., Lee, A., Baron-Cohen, S., Fisher, S. E., Asher, J. E., Ballard, D., y Li, W. (2013), «Absolute pitch exhibits phenotypic and genetic overlap with synesthesia», *Human Molecular Genetics*, 22, pp. 2097-2104.

10

# LA AMUSIA CONGÉNITA

Una persona que padece amusia me cuenta su historia: «Por aquel entonces me encontraba en un internado y una monja estaba buscando chicas para la coral. Yo, inocente de mí, me presenté a la prueba. Sabía que desafinaba porque me lo habían dicho. Pero quería aprender. La monja me dijo que cantara "Ô Canada". Un desastre. No sé qué himno canté. El caso es que me sabía la letra. Tras la primera frase, la monja me detuvo diciéndome: "¿Se ríe de mí o qué? *Out!*" He aquí mi experiencia. Lo que no entendía la monja era que alguien que cantara bien no habría sido capaz de hacer aquello [desafinar aposta como burla]». (Agathe, 2002.)

Agathe no es ni de lejos sorda ni discapacitada. Al igual que el 2,5 % de la población, experimenta serias dificultades en el aprendizaje de la música. Y no porque no lo pruebe. El problema está en su cerebro y en el bagaje genético.

Esta anomalía, que hemos denominado amusia congénita, convierte en «sorda» a la persona que depende de un buen análisis de los tonos. Quienes la padecen normalmente desafinan al cantar, pero no se dan cuenta. Son los demás que se quejan de ello. Le cuesta cantar en la, la, la. Tiene dificultad a la hora de reconocer una tonada familiar, a menos que se trate de una canción con letra. No oye la nota discordante y no suele experimentar placer al oír música. Sin embargo, lleva una vida normal. Puede ejercer incluso una carrera excepcional, como el revolucionario Che Guevara [1] o el economista Milton Friedman, premio Nobel de Economía [2].

La persona que sufre amusia probablemente ha nacido así. Y lo serán también la mitad de sus hermanos y hermanas (la amusia congénita es hereditaria). También posee un cerebro algo distinto. Se les ha detectado una proliferación anormal de materia gris en el córtex auditivo y en el lóbulo frontal inferior derecho del cerebro. Dichas anomalías suponen una conectividad reducida entre ambas regiones. La citada anomalía neurogenética afecta a un 1,5 % de la población si nos guiamos por criterios cautelosos [3].

No parece que el ambiente musical deficiente pueda ser la causa de la amusia. Encontramos niños con amusia desde los ocho años; presentan la misma gama de dificultades que un adulto, a pesar de que oigan música constantemente. Hemos estudiado incluso el caso de una niña que cantaba en una coral dos veces por semana desde hacía dos años, que nos fue remitida por el director al haberle detectado dificultades persistentes [4]. Estudiamos el problema con detalle y coincidimos con la opinión del director: la niña sufría amusia congénita y la participación regular en la coral no había sido suficiente para llevarla a la normalidad.

El hecho de hablar una lengua tonal, como el mandarín, tampoco parece que pueda proteger contra la amusia. Encontramos casos de amusia entre los hablantes de lenguas tonales, incluso entre los nacidos en un entorno en el que la discriminación deficiente de las variaciones de tono sutiles puede llevar a la incomprensión. Como hemos visto en el capítulo anterior, el mandarín utiliza variaciones de tono para expresar significados distintos ([mǎ] = caballo y [mā] = mamá). El problema de la amusia puede dificultar la identificación de dichos tonos, sin que ello llegue a ser un inconveniente, ya que el cerebro es capaz de resolver las ambigüedades en base a otros muchos índices, aparte del tono, como el contexto y el sentido de la frase [5].

No hay que confundir la amusia con el canto aproximativo. Alrededor de un 20 % de la población desafina. Y no todos la padecen. Son personas que saben que desafinan. Se trata más bien de una dificultad motriz a la hora de ajustar el tono de la voz.

En definitiva, la amusia puede afectar al ritmo y no a la melodía. La forma de amusia a la que hemos llamado *beat deafness* parece menos corriente. Se refiere a las personas que tienen dificultades a la hora de seguir el ritmo, ya sea golpeando con el pie, haciendo palmas o bailando en pareja [6].

En principio deberíamos poder echar una mano a quien padece este trastorno a fin de que tuviera una mejor percepción. La amusia exige un tratamiento especial, y al igual que la dislexia, precisa de una ayuda personalizada y focalizada. La educación musical de una persona con amusia podría compararse a la experiencia de un sordo al que colocan un implante coclear. A quien lo recibe le hace falta una reeducación intensiva. Al finalizar dicha reeducación, siempre que el implante se haya realizado antes de los tres años, percibirá correctamente la letra y el ritmo de la música, aunque no las variaciones de tono. Ello no le impedirá, sin embargo, bailar o aprender a tocar un instrumento [7]. El problema está en que es muy difícil diagnosticar la amusia antes de los seis o siete años. Por tanto, es conveniente impartir formación musical a todo el mundo desde la más tierna edad. Probablemente la persona con amusia no alcanzará resultados de alto nivel, pero es de esperar que el aprendizaje le reporte placer y pueda disfrutar de las ventajas educativas que conlleva.

He conocido a dos personas con amusia (de entre más de 50) amantes de la música, que disfrutaban de ella desde muy niños. También conozco el caso de una persona que consiguió bailar en laboratorio y manifestó haber experimentado un gran placer. En general, quienes la padecen, se apartan de todo tipo de actividad musical y se preguntan sobre el placer que puede provocar en los demás. Existe incluso una minoría que considera que la música es algo insoportable, como un ruido de cacerolas. Pocos se atreven a confesarlo por miedo a que se les considere insensibles. Lo que nos da la medida de la importante función que ejerce la música en las interacciones sociales.

La inquietud por la aceptación social también podría explicar otra anomalía hasta ahora desconocida. Existen personas a las que no les gusta la música. Son personas que perciben la música con normalidad pero que no obtienen ningún placer de ella. Se trata de una anomalía, denominada anhedonia musical que, en el cerebro, se asocia a una conexión deficiente entre el núcleo accumbens (región subcortical que forma parte del circuito de la recompensa; véase el capítulo 1) y el córtex auditivo frontal [8].

Consideramos que el descubrimiento de esta nueva anomalía, la anhedonia musical, se debe por una parte al progreso en la investigación en neurociencia de la música, y por otra, al reconocimiento de la amusia congénita como una aberración neurogenética. Veinte años atrás, la anhedonia se habría considerado una forma de histeria vinculada a un traumatismo musical inconsciente. Pobre Freud –otro con amusia–, ¡es probable que se pregunte si nació en el siglo equivocado! Porque, en efecto, no es anormal no disfrutar de la música.

## Referencias citadas

[1] Taibo II, P. I. (1996), *Ernesto Guevara, también conocido como el Che*, Planeta.

[2] Friedman, M. y Fredman, R. D. (1998), *Two Lucky People. Memoirs,* University of Chicago Press.

[3] Peretz, I. y Vuvan, D. T. (2017), «Prevalence of congenital amusia», *European Journal of Human Genetics*, 25, pp. 625-630.

[4] Lebrun, M. A., Moreau, P., McNally-Gagnon, A., Mignault Goulet, G. y Peretz, I. (2012), «Congenital amusia in childhood: A case study», *Cortex*, 48, p. 683-688.

[5] Nan, Y., Sun, Y. y Peretz, I. (2010), «Congenital amusia in speakers of a tone language: Association with lexical tone agnosia», *Brain*, 133 (9), pp. 2635-2642.

[6] Phillips-Silver, J., Toiviainen, P., Gosselin, N., Piché, O., Nozaradan, S., Palmer, C. y Peretz, I. (2011), «Born to dance but beat deaf: A new form of congenital amusia», *Neuropsychologia,* 49 (5), pp. 961-969.

[7] McDermott, H. J. (2004), «Music perception with cochlear implants: A review», *Trends in Amplification*, 8, p. 49-82.

[8] Martinez-Molina, N., Mas-Herrero, E., Rodriguez-Fornells, A., Zatorre, R. J. y Marco-Pallares, J. (2016), «Neural correlates of specific musical anhedonia», *Proceedings of the National Academy of Sciences of the United States of America*, 113, e7337-e7345.

11

# CANTAR ES TAN NATURAL COMO HABLAR

«Vamos a ver, cantar no es algo natural: ¡Soy incapaz de entonar una sola nota!» Stephen Pinker, de la Universidad de Harvard, afirma incluso que la música no puede pertenecer al campo de la biología, ya que la mayoría de personas no canta correctamente. Un comentario que hemos oído mucho. Una creencia tan extendida que hasta hace muy poco la ciencia no ha mostrado su interés por el canto ordinario (el de este o el otro).

Pensándolo bien, si al oído le molesta una nota desafinada será porque no es algo habitual. Para aclarar el tema, mejor dicho, para obtener una respuesta de la ciencia, con la excusa de una apuesta, nos dedicamos a pedir a personas de la calle que nos cantaran la canción de cumpleaños más popular en Quebec («Gens du pays», de Gilles Vigneault). Muchos se prestaron al juego y pudimos grabar a más de 100 cantantes ocasionales. Llevamos a cabo luego el análisis acústico de cada una de las notas. Obtuvimos un resultado que superó con creces nuestras expectativas. La precisión del canto era comparable a la de un cantante profesional, incluyendo al propio Gilles Vigneault [1].

Es evidente que podía haberse producido un desafinamiento de un cuarto de tono. No tiene ninguna importancia, ni se nota. En realidad, hemos observado, en el laboratorio, que somos incapaces de detectar un desvío de medio tono en la voz que canta, mientras que nuestro oído detecta con facilidad el mismo desvío en un violín. A este fenómeno le hemos dado el nombre de «generosidad vocal» [2].

¿Por qué, pues, tenemos la impresión de desafinar o de que otros desafinen? Una serie de razones lo explican. De entrada, para algunos la canción que se entona en coro puede que no corresponda al registro exacto (excesivamente aguda o grave). Por otra parte, y sobre todo, practicamos poco el canto, y menos en público.

A falta de esta práctica, con la edad, el canto va empeorando. Es algo así como el aprendizaje de una lengua: sin práctica, su dominio se va oxidando. En el caso del canto, además hay que adaptarlo al cambio de registro en la pubertad. Puede corregirse solo por medio de la escucha. En efecto, no notamos ni vemos el grado de tensión de nuestras cuerdas vocales. Tengamos en cuenta que ocurre lo mismo con la palabra. Algunos, por otro lado, tienen una voz excesivamente aguda, y deben seguir un largo tratamiento para corregir la anomalía.

Cabe recordar que en los seres humanos el canto es un instinto. El canto materno acompaña nuestras primeras semanas de vida. Se trata de un comportamiento universal. Incluso hoy en día, con tantos medios de difusión, los progenitores siguen utilizando el canto para inducir el sueño, aunque también para jugar con el bebé, para bañarlo, etc. Es difícil establecer la distinción entre el canto y el lenguaje infantil (*baby talk*, en inglés), aunque el bebé reconoce la diferencia. Veamos una experiencia reciente [3], realizada en la Universidad de Montreal, en la que se sometió a unos bebés de siete a diez meses a la voz grabada de alguien que les cantaba o les hablaba siguiendo las típicas características del lenguaje infantil: elevar el tono de voz, con importantes intervalos melódicos, disminuyendo la velocidad. Se detenía la grabación cuando el bebé (que estaba solo) manifestaba signos faciales de inquietud (muecas, lloriqueo). El pequeño aguantaba el doble de tiempo con el canto que con la palabra. De ahí se deduce que el canto reporta bienestar, alivio, al bebé, por ello aguanta más tiempo el aislamiento.

No tiene mucha importancia la letra del canto materno. En la experiencia anterior, el recién nacido no distingue entre la letra extranjera (en turco) y la que oye en su lengua materna (francés). Por otro lado, en determinadas culturas, las madres aprovechan la canción de cuna para lamentarse, conscientes por instinto de que el bebé no discrimina entre palabras apaciguadoras o estresantes, puesto que la melodía le reporta alivio [2].

El cerebro distingue entre letra y música. Las redes neuronales implicadas en la percepción del canto son amplias y movilizan los dos hemisferios cerebrales. Dado que dichas redes se solapan en el cerebro, resulta difícil separarlas en neuroimaginería. En cambio, en caso de accidente vascular cerebral o de anomalía neurogenética pueden diferenciarse letra y música en el canto y dejar patente su autonomía. Es frecuente oír una melodía conocida en el afásico, que es incapaz de articular la letra. Y al contrario, quien padece amusia es capaz de situar la letra de canciones familiares, aunque no la música.

A pesar de que letra y música se encuentran estrechamente vinculadas en las canciones, el cerebro las distingue. Se dice que los códigos pueden separarse. Además, es corriente modificar de vez en cuando la letra de alguna canción familiar. Ahora bien, es preciso conocer la melodía. De no ser así, el aprendizaje será doble: no solo habrá que aprender la nueva letra, sino también la nueva melodía. Por ello los cantantes clásicos que aprenden una nueva canción recitan la letra rimada tarareando la melodía aparte antes de combinar las dos.

En definitiva, y sobre todo, el canto es una actividad que proporciona un placer inmenso. Algunos incluso creen que el canto coral es una gran caricia (*grooming*) colectiva que libera endorfinas en el cerebro y reduce las hormonas del estrés. Cuanto mayor es la coral, más placer proporciona y más refuerza el sentimiento de formar parte de algo [4].

Conscientes de la citada ciencia, a menudo nos preguntamos por qué no cantamos más a menudo, incluso de manera compulsiva. Nos da vergüenza cantar. ¿Será algo así como desnudarse ante otra persona? Creemos que no. Nunca dibujamos delante de alguien a menos que seamos conscientes de que poseemos un cierto talento. Tal vez el problema esté en no valorar el canto cotidiano. Ahí es donde la educación adquiere toda la importancia.

## Referencias citadas

[1] Dalla Bella, S., Giguere, J. F. y Peretz, I. (2007), «Singing proficiency in the general population», *The Journal of the Acoustical Society of America*, 121, pp. 1182-1189.

[2] Hutchins, S., Roquet, C. y Peretz, I. (2012), «The vocal generosity effect : How bad can your singing be?», *Music Perception : An Interdisciplinary Journal*, 30, pp. 147-159.

[3] Corbeil, M., Trehub, S. E. y Peretz, I. (2016), «Singing delays the onset of infant distress», *Infancy*, 21, pp. 373-391.

[4] Weinstein, D., Launay, J., Pearce, E., Dunbar, R. I. Y Stewart, L. (2016), «Group music performance causes elevated pain thresholds and social bonding in small and large groups of singers», *Evolution and Human Behavior*, 37, pp. 152-158.

12

# BAILAR ES TAMBIÉN EXPRESARSE MUSICALMENTE

No solemos verlo así, pero el baile es una actividad musical. Moverse al ritmo de la música es algo incontrolable. No en vano el baile puede crear música. En muchas culturas, quienes danzan llevan objetos sonoros que tintinean con el movimiento. Bailar es también expresarse musicalmente.

Mover la cabeza, seguir el ritmo con el pie o haciendo palmas, balancearse de izquierda a derecha con la música son respuestas espontáneas en las que se apoyan los movimientos del baile. Lo de moverse al ritmo de la música parece de lo más simple; basta con «sentirla». En realidad, la capacidad de seguir el ritmo, y más exactamente de seguir la pulsación (*beat*), se basa en una serie de mecanismos complejos. Tres principios caracterizan esta sincronización.

1) *La anticipación.* Si nos sincronizamos con un metrónomo por medio de una serie de golpes, estos coincidirán con unos milisegundos de diferencia con el tic y el tac del instrumento. Esa precisión tan exacta del gesto exige anticipación. Una reacción al tic (o al tac) implica un desfase de como mínimo 100 milisegundos: el tiempo de percibir y actuar. Por otro lado, si uno de los tics está encubierto, el golpe coincidirá exactamente con el instante en el que debería oírse. En ambos casos, nuestro cerebro ha anticipado la pulsación.

2) *La adaptación.* La sincronización es muy flexible y puede adaptarse con rapidez a las fluctuaciones, incluso sutiles o repentinas, de velocidad (tempo) en una horquilla de entre 300 y 900 milisegundos entre los tic y los tac del metrónomo. El tempo preferencial del adulto se sitúa alrededor de los 600 milisegundos (100 en el metrónomo) y corresponde al movimiento. Dicho tempo preferencial (o endógeno) es mucho más rápido en el niño y más lento en la persona mayor.

3) *La abstracción.* La sincronización no se obtiene únicamente al son de la música. La sincronización se mantiene con facilidad en modalidad visual (básicamente por medio de la imitación) y táctil (vibración). La utilización de estos otros canales sensoriales de transmisión permite, por ejemplo, que un sordo profundo pueda bailar. Sin embargo, la sincronización con el sonido es más precisa.

Ciertas músicas invitan más al baile que otras. Señalamos el *groove* o el *swing* como las que dan ganas de bailar. El *groove* está vinculado a la presencia de síncopas. La síncopa corresponde a un tiempo acentuado que no se expresa mediante un sonido. La deducción de dicho tiempo depende de la claridad de la pulsación y de la anticipación. La explicación (no demostrada) indicaría que la síncopa crea un vacío que intenta llenarse con el movimiento. En otras palabras, la síncopa invita al que baila a marcar la pulsación mediante el movimiento del cuerpo. El baile, pues, puede servir para expresar de forma literal el ritmo de la música [1, 2].

El vínculo entre ritmo y movimiento existe a partir del momento en el que entra en el sistema sensorial por medio del desplazamiento de líquido en el sistema vestibular del oído [3]. Dicho sistema sirve para percibir el movimiento y, para el equilibrio, es adyacente y distinto del órgano de Corti (estructura de la cóclea), que responde a las vibraciones sonoras. El vínculo entre ritmo y movimiento sigue en la actividad del cerebro. Incluso en ausencia de movimiento, la percepción de un ritmo no solo activa el córtex auditivo, sino también el córtex motor. Dicho ritmo, suponiendo que posea una pulsación clara, también activa los núcleos basales (denominados también núcleos de sustancia gris) [4]. En los citados núcleos basales radicaría de algún modo el código de la pulsación. En caso de fallo de los núcleos basales, como en la enfermedad de Parkinson, la música actúa a modo de muleta mental a la hora de andar e incluso de bailar. Los núcleos basales son también responsables de la liberación de la dopamina asociada al placer, junto con el núcleo accumbens (véase el capítulo 1).

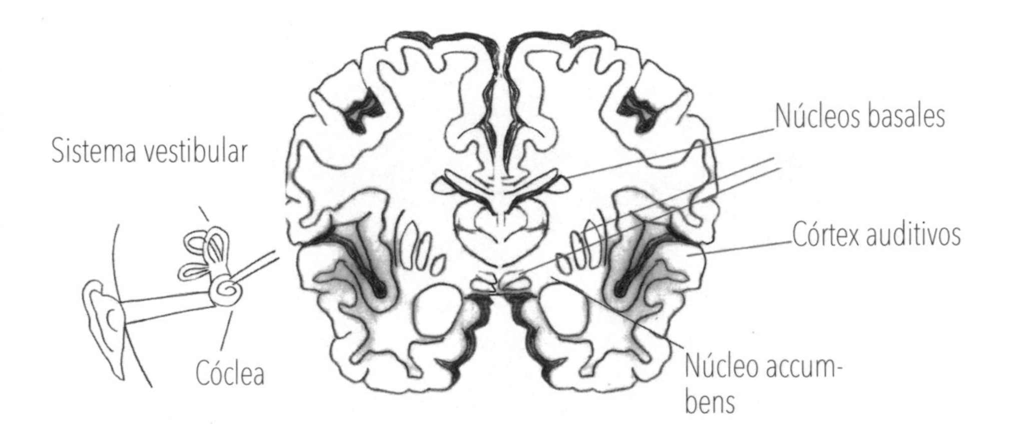


Queremos pensar que dicha proximidad entre las estructuras cerebrales que rigen la sincronización y el circuito dopaminérgico de la recompensa no es fortuita y explica el placer evidente que reporta cualquier actividad musical sincronizada, como el baile, el canto coral o la música de interpretación conjunta.

## Referencias citadas

[1] Fitch, W. T. (2016), «Dance, music, meter and groove: A forgotten partnership», *Frontiers in Human Neuroscience*, 10, p. 64.

[2] Witek, M. A., Clarke, E. F., Wallentin, M., Kringelbach, M. L. yt Vuust, P. (2014), «Syncopation, body-movement and pleasure in groove music», *PloS One*, 9 (4), e94446.

[3] Trainor, L. J., Gao, X., Lei, J. J., Lehtovaara, K. y Harris, L. R. (2009), «The primal role of the vestibular system in determining musical rhythm», *Cortex*, 45, pp. 35-43.

[4] Grahn, J. A. y Brett, M. (2007), «Rhythm and beat perception in motor areas of the brain», *Journal of Cognitive Neuroscience*, 19, pp. 893-906.

13

# LA MÚSICA COMO TRAMPOLÍN SOCIAL

A menudo se presenta al músico clásico como un esclavo de su instrumento y al cantante popular como un narcisista mundano. La investigación nos ofrece un retrato muy distinto: el músico altruista. La música es un medio de unión social.

Todo el mundo sabe que la música sirve para unir. Pensemos en la marcha militar, la misa, las bodas, los funerales. La novedad estriba en *cómo* se produce. El elemento clave es el poder de *arrastre* que ejerce la música en el cuerpo. Moverse al ritmo de la música es algo incontrolable. Pensemos en el niño, que se mueve espontáneamente siguiendo el ritmo de la música y no el ritmo de la letra [1].

Como hemos visto en el capítulo anterior sobre el baile, la pulsación de la música favorece la sincronización. Lo que no hemos tratado aún son los efectos de dicha sincronización sobre el comportamiento social. Desde los dos años, el niño se sincronizará mejor con el ritmo de un tambor en una situación social, es decir cuando interpreta el ritmo una persona y no una máquina o un altavoz [2]. Además, será capaz de prestar ayuda más a gusto a otro niño si la actividad viene precedida por una marcha con música y no por una marcha sin música [3].

En otro atractivo experimento [4] llevado a cabo por el equipo de Laurel Trainor (véase el capítulo 3), se mece a unos bebés de 14 meses de forma sincronizada o no sincronizada al ritmo de la música con un adulto enfrente. Luego el niño se encuentra ante una situación en la que el adulto, que anteriormente estaba sincronizado o no sincronizado, suelta un objeto. El bebé al que han mecido «bien», es decir, siguiendo el ritmo, devolverá más a gusto el objeto que el que ha sido mecido de forma no sincronizada. El estudio demuestra que el hecho de sincronizarse con otro siguiendo el ritmo de la música desencadena un sentimiento altruista.

En la edad adulta vemos el mismo fenómeno. El canto en coral aumenta la confianza en el otro y fomenta más la cooperación que la competición [5]. Todo el mundo colabora más en los juegos de sociedad después de haber cantado en conjunto de forma sincronizada que si el canto ha llegado de forma artificial, a espaldas del participante asincrónico. Asimismo, en el juego del dilema del prisionero, conocido por el hecho de investigar la actitud de solidaridad frente a la de traición, los participantes que habían cantado en coro poco antes manifestaban una mayor confianza en el otro y colaboraban más que los que habían leído poesía juntos o habían visto una película (sin música), o incluso que los que habían oído juntos una música grabada con anterioridad [6]. Al establecerse de modo aleatorio la división en los cuatro grupos no puede explicarse el beneficio social que entraña la música de interpretación conjunta. En otras palabras, para inducir un comportamiento altruista resulta claramente más eficaz cantar en coro que escuchar música.

El canto en una coral, moverse en grupo al son de la música, incluso interpretar música conjuntamente, favorece la cohesión social. Por otra parte, el cerebro recompensa el comportamiento altruista. La neuroimaginería demuestra que la solidaridad en el juego del dilema del prisionero, al contrario de la traición, activa las zonas cerebrales de la recompensa (núcleo accumbens y córtex orbitofrontal) [7]. Así pues, lo más probable es que se establezca un vínculo estrecho entre comportamiento altruista, recompensa y sincronización musical, que explicaría la fuerza de unión que posee la música. Este placer de comunión asociado a la música podría llevar a la razón de ser de la propia música.

En resumen, la ciencia nos enseña que la música de interpretación conjunta influye de forma positiva en el comportamiento social y reafirma la validez de las enseñanzas que se basan en este principio. Tenemos un buen ejemplo de ello en la iniciativa venezolana «El Sistema», un método de educación que estableció en 1975 José Antonio Abreu, músico y militante político, con el objetivo de disminuir la delincuencia juvenil. En él, todos los días de 18 a 20 horas, los niños de la calle interpretan música en una orquesta. Gracias a la iniciativa, más de dos millones de niños consiguieron instrumentos y asistieron a clases de música gratuitas. A pesar de que no se han demostrado los efectos de «El Sistema» sobre la delincuencia, las investigaciones actuales respaldan el método.

## Referencias citadas

[1] Zentner, M. y Eerola, T. (2010), «Rhythmic engagement with music in infancy», *Proceedings of the National Academy of Sciences of the United States of America*, 107, pp. 5768-5773.

[2] Kirschner, S. y Tomasello, M. (2009), «Joint drumming Social context facilitates synchronization in preschool children», Journal of Experimental Child Psychology, 102, pp. 299-314.

[3] Kirschner, S. y Tomasello, M. (2010), «Joint music making promotes prosocial behavior in 4-year-old children», *Evolution and Human Behavior*, 31, pp. 354-364.

[4] Cirelli, L. K., Einarson, K. M. y Trainor, L. J. (2014), «Interpersonal synchrony increases prosocial behavior in infants», *Developmental Science*, 17, pp. 1003-1011.

[5] Wiltermuth, S. S. y Heath, C. (2009), «Synchrony and cooperation», *Psychological Science*, 20, pp. 1-5.

[6] Anshel, A. y Kipper D. A. (1998), «The influence of group singing on trust and cooperation», *Journal of Music Therapy*, 25, pp. 145-155.

[7] Rilling, J., Gutman, D., Zeh, T., Pagnoni, G., Berns, G. Y Kilts, C. (2002), «A neural basis for social cooperation», *Neuron*, 35, p. 395-405.

14

# EL APRENDIZAJE DE LA MÚSICA NO TIENE EDAD

Muchísimos adultos, padres, e incluso abuelos, han tenido siempre la ilusión de llegar a aprender música algún día. Al ser testigos de las clases de música de los hijos, o en el momento en que estos se van de casa, o incluso en la jubilación, algunos se plantean que tal vez haya llegado el momento de emprender dicho aprendizaje. La ciencia nos alienta en este sentido. En efecto, podemos estudiar música aún en una edad avanzada. Además, se trata de un aprendizaje que ejercería un efecto protector sobre el cerebro.

Se está comprobando que el deterioro vinculado a la edad hace menos estragos en el músico. La música no repara, todo hay que decirlo, las neuronas perdidas en el oído. La pérdida auditiva afecta tanto al músico como a la persona que no práctica la música. Al envejecer, sin embargo, el músico conserva un cerebro más preparado para discernir los sonidos que recibe. Al agudizarse la atención, puede compensar las pérdidas de oído inevitables. A los setenta años, quien ha practicado música percibe las palabras en medio del ruido igual que alguien de cincuenta que no la ha practicado [1].

Lo importante es que no hace falta haberse dedicado toda la vida a la música para aprovechar sus ventajas en el otoño de la vida. A pesar de haberlo dejado, los beneficios perduran: entre 4 y 14 años de formación musical temprana (antes de los 25 años) se notan más adelante en la vida, incluso en el caso de haberlo dejado durante más de 40 años [2]. La práctica de la música durante la juventud facilita asimismo la percepción de las palabras en medio del ruido a una edad avanzada. Así pues, la formación musical mejora la calidad de la codificación de las palabras entre el ruido ya en los primeros relés del cerebro (a la altura del bulbo raquídeo). Se trata de una gran ventaja para la persona de edad que cada vez oye peor. El hecho de haber aprendido a tocar un instrumento en la juventud es probable que modifique nuestra relación con el mundo sonoro al aguzar la sensibilidad auditiva.

Afortunadamente para la mayoría de la población que no ha tenido ocasión de aprender música, las ventajas de la educación musical no se limitan a los iniciados. Al parecer nunca es tarde para disfrutar de sus beneficios. Cuatro meses de aprendizaje formal de piano, junto con el aprendizaje de la lectura, no solo mejoran el humor, sino también las actividades denominadas ejecutivas, las referentes a la atención y a la planificación en los mayores de 70 años. El grupo testigo también activo (ejercicios físicos, informática, clases de pintura) no consiguió un rendimiento parecido [3]. La constatación nos lleva a pensar que el aprendizaje de la música a una edad avanzada podría frenar o retrasar la degeneración cognitiva.

De todos es sabido que la actividad intelectual, a menudo asociada a un nivel de formación elevado, atenúa los efectos negativos del envejecimiento. El cerebro «más preparado» poseería la capacidad de utilizar el intelecto pese a las señales de deterioro. Hoy en día se habla de «reserva cognitiva». Por lo que parece, el aprendizaje de la música alimenta dicha reserva cognitiva.

## Referencias citadas

[1] Alain, C., Zendel, B. R., Hutka, S. y Bidelman, G. M. (2014), «Turning down the noise: The benefit of musical training on the aging auditory brain», *Hearing Research*, 308, p. 162-173.

[2] White-Schwoch, T., Woodruff Carr, K., Anderson, S., Strait, D. L. y Kraus, N. (2013), «Older adults benefit from music training early in life: Biological evidence for long-term training-driven plasticity», *The Journal of Neuroscience*, 33, p. 17667-17674.

[3] Seinfeld, S., Figueroa, H., Ortiz-Gil, J. y Sanchez-Vives, M.V. (2013), «Effects of music learning and piano practice on cognitive function, mood and quality of life in older adults», *Frontiers in Psychology*, 4, p. 810.

15

# ¿CÓMO APRENDER?

La organización oficial de la enseñanza es algo reciente en la historia de la humanidad. Dicha organización se basa en un aprendizaje codificado a través del profesorado, de las escuelas y los programas. El aprendizaje de la música, sin embargo, normalmente se sitúa fuera de tales limitaciones. Muchas personas tocan sus instrumentos en el garaje de su casa, componen en un estudio y aprenden imitando a los más avanzados. Incluso la enseñanza oficial de la música a menudo se lleva a cabo siguiendo este modelo: la transmisión de maestro a alumno. Una forma de pedagogía basada en el intercambio, los consejos y las correcciones en función del progreso es mucho más eficaz que un curso magistral [1].

La música se aprende mejor con la interacción. Los niños se sienten cautivados por la música interpretada por otro ser humano, algo que sucede en una época muy temprana del desarrollo. El bebé de cinco meses, por ejemplo, sentirá un mayor interés por una canción que canta uno de sus padres que por la que le llega a través de un juguete o una pantalla. Dicha canción, interpretada todos los días durante dos semanas quedará grabada en su memoria durante un año [2]. También encontramos la ventaja de la interacción con el toque del tambor mejor sincronizado con un ser humano que con una máquina o a un altavoz [3]. El aprendizaje de la música se lleva a cabo de forma óptima en la relación con el otro y en un contexto social. No surtiría efecto abrumar al niño con música, ni presentarle obras de Mozart o actividades *Baby Einstein*. El niño es más propenso a aprender de otro ser humano.

La imitación ejerce un papel fundamental [4]. Se trata de una habilidad aparentemente simple, pero muy compleja, que exige un análisis rápido y sutil del otro y un calibrado de las diferencias de dimensión y habilidad. En realidad, los comportamientos de imitación se dan de forma espontánea en los seres humanos y son muy poco habituales en los animales. Es así como el niño aprende a hablar, a caminar y a cantar. Probablemente es también cómo aprende música. El aprendizaje por medio de la imitación es más rápido y más eficaz que la exploración individual o virtual.

Al principio, el aprendizaje de la música se basa sobre todo en los mecanismos innatos, como la imitación. La educación, por su parte, pretende ir más allá de estas adquisiciones espontáneas relativamente inconscientes. La enseñanza de la música consiste en canalizar esta curiosidad para mostrar la técnica, para transmitir las nociones de tonalidad y de pulsación a la consciencia, haciéndolas más explícitas. La enseñanza consiste también en abandonar determinados comportamientos innatos, como la tendencia a acelerar para interpretar con más fuerza.

Nos resultará útil aquí recordar algunos pilares del aprendizaje: 1. la importancia de la curiosidad (con anticipación y recompensa); 2. los límites de la atención; 3. el proceso de consolidación (con la práctica y el sueño).

## La curiosidad

Escuchar, aunque sea con atención, no lleva a un buen aprendizaje. Lo hemos visto en muchas ocasiones en los capítulos precedentes. El experimento clásico de dos gatitos sujetos a un mismo tiovivo [5], uno móvil, que hace circular a otro metido en una canasta, ilustra a la perfección el tema que nos ocupa. El gatito que realiza el movimiento tiene que adaptarse a la visión en profundidad, no así el que es transportado. Un experimento que nos demuestra que nuestros propios actos resultan esenciales para el aprendizaje.

Lo mismo puede decirse de la música. Quien aprende a tocar un teclado durante dos semanas percibe mejor los cambios melódicos que aquel que no ha podido hacer más que observar al otro que aprende a tocar [6]. Es algo que puede explicarse con el principio de que el cerebro curioso crea constantemente previsiones sobre el mundo exterior y sobre sus propios actos, incluyendo la producción musical propia, y las ajusta a fin de minimizar el error y adaptarse mejor. Quien es incapaz de prever los errores no puede aprender de ellos.

Lo esencial reside en el compromiso activo. Parece evidente. La investigación añade, sin embargo, que la curiosidad se asocia a la puesta en marcha de un circuito dopaminergénico de la recompensa en el cerebro y facilita la memorización. Planteémonos, por ejemplo, la pregunta: «¿Qué instrumento de música se inventó para imitar la voz?». Quien tenga dudas sobre la respuesta es probable que no sienta un gran interés por conocerla. Por el contrario, si la pregunta nos despierta la curiosidad, la anticipación de la respuesta correcta activará el circuito del placer y nos llevará a recordar mejor la respuesta (en este caso, el violín) [7].

La curiosidad puede despertarse de muchas formas. La sorpresa, por ejemplo, suscita la curiosidad, la cual, por su parte, puede llevar al aprendizaje. Este no funciona por simple asociación entre un gesto y un sonido, sino más bien mediante la anticipación y la corrección de los errores. De esta forma se refuerza el aprendizaje. Existe una dosificación sensata entre los logros y la novedad. Esta sigue una ley de U invertida, según la cual una actividad excesivamente fácil o, al contrario, excesivamente difícil, suscita el abandono, el desinterés. Es una ley que se aplica a todos los campos y no exclusivamente al de la música.

## La atención es limitada

En la era multiárea es importante que seamos conscientes de que no poseemos capacidad para llevar a cabo dos actividades al mismo tiempo. La impresión de que uno puede pertenece al mundo de la ilusión. Y esta procede de la alternancia rápida entre las actividades. Podemos comprobarlo intentando descubrir el asesino en una película tan corta como *Test Your Awareness: Whodunnit?* [8]. El lector descubrirá que pocos cambios de los 21 que ofrece la película le han saltado a los ojos. Esta incapacidad en relación con la atención, que es una ceguera en este campo y se denomina "cuello de botella de la atención", protege contra la obstrucción del sistema de decisión. Dicho de otra forma, aquello a lo que prestamos atención puede hacernos dejar de lado lo esencial. Aquí es donde la enseñanza ejerce un papel importante. Se ocupa de conseguir canalizar la atención del alumno en cada instante sobre lo que es importante.

La atención no es un proceso asignado a la música; es una facultad transversal que se aplica a todos los campos, incluyendo el de la música. Por otra parte, la atención no es un proceso único, si bien participan en el conjunto de los actos denominados ejecutivos o de alto nivel. Más en concreto, incluye tanto los procesos de conceder más valor a los elementos seleccionados (vía ampliación de la señal) como la supresión de elementos no pertinentes (vía inhibición de lo que distrae). La atención puede centrarse en un ritmo de un fragmento, por ejemplo, y en este momento habrá que ignorar la melodía. Distintas estrategias nos llevarán a conseguirlo, pues tendemos a seguir la melodía en detrimento del ritmo. Por ejemplo, podemos tocar el ritmo en el instrumento o marcarlo en voz alta en la misma sílaba y tono. A partir de aquí habrá que integrar la melodía. El control ejecutivo permite ignorar de forma temporal las variaciones melódicas. Con el aprendizaje, disminuye el control ejecutivo y puede centrarse la atención en otros aspectos, como la interpretación.

Lo importante es que tanto la atención como la concentración mejoran con la práctica. El propio aprendizaje de la música podría ser precisamente una actividad propicia a la mejora de la atención, más en general las funciones ejecutivas, que incluyen la planificación y el recuerdo del trabajo (véase el capítulo 3).

## La memorización

El aprendizaje de la música no solo exige atención. La interpretación pone en marcha también un gran número de recuerdos. Nuestra intención aquí no es la de exponer todo lo que ha descubierto la investigación durante los últimos treinta años sobre la utilización de los recuerdos que actúan en el aprendizaje de la música. Bastará con decir que buena parte de ellos son los llamados implícitos (automáticos e inconscientes) y son fruto de la práctica y de la consolidación, que abordamos a continuación.

Sabemos que aprender a tocar un instrumento musical exige muchísimas horas de práctica. Hay que invertir 10.000 horas para alcanzar un nivel profesional. Estamos hablando de práctica deliberada, de trabajo asiduo, y no de interpretación para distraernos. Recuerdo a un guitarrista clásico, considerado como el único virtuoso del curso de verano en el que participé, que colocaba diez monedas frente a él. Si resolvía el pasaje o fragmento sin fallo alguno, desplazaba una de las monedas hacia una nueva pila. Era capaz de interpretar nueve veces seguidas sin fallar y acumular las nueve piezas en la pila nueva. Si cometía un error, desplazaba las diez piezas en una sola pila y empezaba de nuevo. Corría el año 1972. ¿Acaso ha cambiado la práctica?

No estoy muy segura de ello. La ciencia, no obstante, nos dice que la repetición continua es una estrategia lamentable. Repitiendo hasta la perfección se consigue un dominio temporal. Se crea la ilusión de que si uno consigue tres veces seguidas, incluso diez veces, interpretar el pasaje sin ningún fallo, lo domina. La ilusión persigue la sensación de fluidez, de avance, de aumento de la soltura que proporciona al instrumentista la repetición. En realidad, es la práctica no continua del mismo pasaje complicado, más exigente y frustrante, la que proporcionará a largo plazo una compensación en rapidez, precisión y memorización [9].

El instrumentista que repite el mismo pasaje diez veces seguidas tiene una sensación inmediata de poseer un mayor control de la situación comparado con diez veces de repetición en pequeñas dosis interrumpidas por la interpretación de otros fragmentos. Al día siguiente, sin embargo, la sensación se invertirá. El pasaje repetido diez veces seguidas será menos fluido que el que le ha llevado más esfuerzo y que, no obstante, creía que dominaba menos. En otras palabras, la práctica que reporta mejores resultados a corto plazo no es la óptima, a pesar de que nos tranquilice. El ir probando, el trabajo de recuperación en memoria, aunque pueda parecer que frenan el avance, resultan necesarios para un buen aprendizaje. Por norma general, en aras de la consolidación, siempre es mejor el aprendizaje que exige más concentración.

Por otra parte, es preferible repartir las prácticas durante la semana en lugar de concentrar todo el esfuerzo en un solo día. Para maximizar la consolidación del aprendizaje es más eficaz separar las sesiones de estudio con un día de por medio que concentrarlo en uno solo. Y mejor aún sería dejar a un lado algunos fragmentos y no interpretarlos durante un mes. Aunque esto todos los músicos lo saben. En general, no existe nada comparable al trabajo en pequeñas dosis interrumpidas por alguna hora de sueño.

Gran parte de los efectos benéficos del reparto cotidiano del trabajo en el aprendizaje podría derivarse de las noches de sueño. Un sueño con todas las de la ley: ¡Aprender sin revisar!. De hecho, no es un aprendizaje en el sentido estricto de la palabra, pero durmiendo uno consolida y crea vínculos nuevos. A veces basta una corta siesta [10]. La simple reactivación del aprendizaje fruto de la presentación de la melodía aprendida durante el sueño mejora su reproducción en el teclado. La reactivación se produce de forma independiente, sin presentarse la melodía durante la fase del sueño. Se ha observado en distintas ocasiones y en actividades diferentes esta mejora espontánea conseguida por el hecho de acostarse y dormir un tiempo entre la fase de adquisición y la prueba. Un periodo de descanso despierto entre la adquisición y la prueba, aunque tenga la misma duración, no surte los mismos efectos. Cabe añadir que las ventajas que se han observado tras ocho horas de sueño no son comparables a las que puede reportar una siesta, cuando menos en lo que se refiere a los aprendizajes motores [11].

Durante el sueño, el cerebro «repite» (en alguna ocasión acelera) las descargas neuronales del día anterior, no solo en el hipocampo, estructura cerebral básica de la memoria, sino también en otras regiones. Dicha repetición neuronal facilita una reorganización, una estabilización de la memoria. Además son ventajas más marcadas en los niños de edad escolar.

Así pues, la intuición nos engaña. Con demasiada frecuencia seguimos sobrestimando la función de las aptitudes y la eficacia de determinadas técnicas. Buen ejemplo de ello está en la repetición continua del pasaje difícil. El problema radica en que el experto no domina las estrategias de optimización del aprendizaje. En este punto es esencial la investigación. Si focalizamos la eficacia de ciertas técnicas que se basan en los principios de aprendizaje fundamental la enseñanza de la música siempre sale ganando.

## Referencias citadas

[1] Freeman, S., Eddy, S. L., McDonough, M., Smith, M. K., Okoroafor, N., Jordt, H. y Wenderoth, M. P. (2014), «Active learning increases student performance in science, engineering, and mathematics», *Proceedings of the National Academy of Sciences of the United States of America*, 111, pp. 8410-8415.

[2] Mehr, S. A., Song, L. A. y Spelke, E. S. (2016), «For 5-month-old infants, melodies are social», *Psychological Science*, 27, pp. 486-501.

[3] Kirschner, S. y Tomasello, M. (2009), «Joint drumming: Social context facilitates synchronization in preschool children», *Journal of Experimental Child Psychology*, 102, pp. 299-314.

[4] Meltzoff, A. N., Kuhl, P. K., Movellan, J. y Sejnowski, T. J. (2009), «Foundations for a new science of learning», *Science*, 325, pp. 284-288.

[5] Held, R. y Hein, A. (1963), «Movement-produced stimulation in the development of visually guided behavior», *Journal of Comparative and Physiological Psychology*, 56, pp. 872-876.

[6] Lappe, C., Herholz, S. C, Trainor, L. J. y Pantev, C. (2008), «Cortical plasticity induced by short-term unimodal and multimodal musical training», The Journal of Neuroscience, 28, pp. 9632-9639.

[7] Gruber, M. J., Gelman, B. D. y Ranganath, C. (2014), «States of curiosity modulate hippocampus-dependent learning via the dopaminergic circuit», *Neuron*, 84, pp. 486-496.

[8] *Test Your Awareness: Who Dunnit?*, https://www.youtube.com/watch?v=ubNF9QNEQLA.

[9] Carter, C. E. y Grahn, J. A. (2016), «Optimizing music learning: Exploring how blocked and interleaved practice schedules affect advanced performance», Frontiers in Psychology, 7, p. 1251.

[10] Antony, J. W., Gobel, E. W., O'Hare, J. K., Reber, P. J. y Paller, K. A. (2012), «Cued memory reactivation during sleep influences skill learning», *Nature Neuroscience*, 15, p. 1114-1116.

[11] Diekelmann, S. y Born, J. (2010), «The memory function of sleep», *Nature Reviews Neuroscience*, 11, p. 114-126.

16

# DEL LABORATORIO AL AULA

Los conocimientos acumulados en más de veinte años de investigación en neurocognición de la música se aplican poco en el campo de la educación. El camino será abrupto. Podemos consolarnos pensando que aunque sea poca, la transferencia del laboratorio al aula ya se aplica a la enseñanza de cualquier asignatura, no solo de la música.

La neurociencia es a la educación lo que la física a la arquitectura. La física no enseña a construir, si bien quien construye no puede ignorar las leyes de la física [1]. Pasar de la instrucción sobre neurociencia a la instrucción en el aula es deseable aunque no inmediato. Por ejemplo, saber que el aprendizaje del piano transforma el cerebro no ayuda a enseñar a tocarlo. Por lo contrario, saber que el aprendizaje del piano resulta más eficaz para modificar el cerebro que escuchar con mayor atención es algo que hay que tener muy en cuenta en la enseñanza de la música, al igual que en las clases que imparte un maestro a las que los alumnos asisten sin practicar.

La medicina ha conseguido llevar adelante el paso del laboratorio al tratamiento. Hace más de un siglo, la medicina estaba formada por retazos de conocimientos, modas y curanderos. La clave del éxito actual estriba en la utilización de la ciencia aplicada. El médico no pregunta directamente al bioquímico cómo hay que curar. Al contrario, basa su decisión en cuanto a tratamiento en importantes investigaciones (aplicadas) establecidas sobre la base de la comparación de remedios. La elección de estos sigue el camino que marca la bioquímica. No se trata de comparar todos los medicamentos; la elección debe basarse en los mecanismos de acción. Nos referimos a la investigación clínica.

La formación ha de seguir esta misma dirección y abrir un diálogo entre los que se dedican a la investigación fundamental y los que practican la docencia. Estos intercambios redundan en beneficio del investigador, quien a menudo hace abstracción de las condiciones reales, y al docente, que a veces adopta un método que no se basa en conocimientos científicos. El personal docente desea y necesita comprender el mecanismo del aprendizaje para enseñar mejor. En ausencia de unos conocimientos científicos, ciertos métodos utilizados podrían, por ejemplo, no resultar convenientes para todos o para todas las edades. La ciencia no es prescriptiva. La ciencia no impone una pedagogía específica, antes bien permite reflexionar y sobre todo evaluar científicamente la eficacia de los métodos existentes. Para avanzar, la educación debería comparar los métodos en estudios de campo controlados (el equivalente a los ensayos clínicos en medicina).

17

# PISTAS PARA APRENDER MÚSICA

♫ ♫ ♫

Los conocimientos conseguidos en neurocognición de la música tienen unas repercusiones inmediatas. He aquí unas pistas.

- ☑ Si nos encontramos ante un niño corriente, como tantos, como el 95 % de la población, sabemos que aprovechará del todo cualquier forma de actividad musical que se le ofrezca desde su llegada al mundo. El niño nace con un cerebro preparado para responder a la música de su entorno y para asimilarla. Manifestará interés por la música en una época muy temprana. Además aprenderá enseguida, con actividades como cantar, moverse siguiendo el ritmo, afinará la motricidad y modelará mejor su cerebro. Desarrollará, además, el altruismo, el sentimiento de formar parte de un colectivo.

Las ventajas de la música no las disfrutan únicamente los alumnos con más talento, que siguen de forma espontánea y voluntaria los cursos. Observamos, en efecto, en todos los niños, tomados al azar para seguir una formación musical, desde los seis meses, mejoras en el campo cognitivo, como la capacidad de concentración, y también en el campo social.

No basta con que el niño escuche música, tiene que meterse en ella. La participación en este terreno será más precisa e inolvidable si sigue la guía de otra persona. Un ordenador u otro medio electrónico no ofrece las mismas ventajas. Un sinfín de investigaciones lo acreditan. Desde que nacen, los bebés sienten un gran interés por los demás. Y poseen, además, desde el primer día un cerebro prodigioso que aprende por medio de la exploración y la interacción con los demás.

Ahora bien, ¿es cierto que el aprendizaje de la música aumenta el rendimiento escolar? La investigación se abona esta idea. Las funciones ejecutivas, como la atención, funcionan de la misma forma, ya se trate de lectura o de matemáticas, del aprendizaje de una lengua extranjera o del de la música. En esta, el niño desarrolla sus funciones ejecutivas: aprende a aprender. Sea como sea, no existe una investigación que demuestre que el aprendizaje musical perjudique el aprendizaje escolar.

La música es una fuente de intenso placer para la mayoría de mortales. La música libera dopamina en el cerebro, la hormona básica para todo tipo de aprendizaje. Probablemente uno de los pilares de este es la investigación del placer asociado a la música. Al producir uno mismo el sonido deseado y al compartir sus efectos en grupo se valora de forma intrínseca el aprendizaje musical por el simple hecho de llevarlo a la práctica.

☑ Si nos encontramos ante un niño con dificultades de aprendizaje, por ejemplo, un autista, con la música podemos abrir un camino insospechado, una vía de entrada a una inteligencia encerrada en sí misma. Tal vez los efectos positivos se limiten al propio aprendizaje de la música, pero en realidad pueden llegar a ser espectaculares. Muchos niños autistas consiguen una capacidad musical muy superior a la que poseen en el plano intelectual y afectivo. Por el contrario, si el niño parece adolecer de un retraso en el aprendizaje limitado a un campo lectivo, si sufre, por ejemplo, dislexia, hay que tener en cuenta que la música de grupo, que exige precisión temporal y capacidad para escuchar al otro, parece un buen camino para la enseñanza de la lectura. El ritmo podría ser una de las bases de dicha capacidad, pues canaliza la atención del niño en los elementos sonoros importantes.

Cuando las dificultades del niño se limitan al campo de la música habría que sondear su interés por ella. Dado que la amusia no es una limitación importante para el desarrollo cognitivo y afectivo del niño, no creemos que sea imprescindible detectarla desde el principio. Más bien creemos que sería un error excluir o eximir de toda actividad musical a los pequeños que parecen presentar un retraso respecto a los demás en las actividades musicales de grupo. Un despertar musical precoz, acompañado de un apoyo individualizado podría compensar esta vulnerabilidad neurogenética, incluso darle la vuelta y conseguir que el niño con amusia disfrute de las ventajas sociales de la música.

- ☑ Si nos encontramos ante un niño prodigio veremos que el entorno mostrará enseguida su interés por él y le proporcionará el marco óptimo para su desarrollo. Nuestras sociedades, tal vez por instinto, valoran mucho un don precoz, puesto que refleja un buen patrimonio genético. Sin embargo hay que estar atentos a que la música no se desarrolle en detrimento del avance afectivo y social.
- ☑ Si tenemos más de 20 años y queremos aprender música sabemos ya (o intuimos) que los efectos positivos de este aprendizaje superan de largo los inconvenientes que conlleva un inicio tardío. Aprender música cuando se tienen más de 70 años no solo es posible, sino también saludable. La actividad musical mejora la percepción de los sonidos en medio del ruido, mejora la atención y evita los estragos del aislamiento social. Aunque, por supuesto, al igual que en cualquier otra actividad, una persona de 70 años no podrá competir con los más jóvenes.
- ☑ Si somos músicos, la música ya nos ha transformado el cerebro. Una transformación que se lleva a cabo, que sepamos, sin daños colaterales. Todo lo contrario, el joven músico parece brillar en todas las esferas cognitivas que dependen de la atención, como las pruebas de inteligencia, la memoria y el aprendizaje escolar. Sabremos ya, o habremos confirmado, la intuición de que el sueño y el reparto cotidiano del trabajo son básicos para el domino de este arte. En cambio, tal vez nos sorprenda constatar que el ensayo continuo no es la mejor estrategia para el rendimiento. El problema estriba en que nuestra perspicacia (*insight* en inglés) respecto a los métodos y técnicas más eficaces es casi nula. Cada músico desarrolla sus propias

técnicas o reproduce las que se le han transmitido, sin conocer muy bien su validez. En este sentido es indispensable la investigación sobre educación musical.

En definitiva, es importante recordar que el oído absoluto no es un indicador de talento. El oído absoluto es más bien un indicador de conectividad anormal del cerebro. Contrariamente a todas las virtudes que se atribuyen al desarrollo del oído absoluto en el medio musical y en internet, donde se elogian distintos métodos para su desarrollo, el oído absoluto no sirve para mucho y es muy difícil desarrollarlo. En realidad, no es más que un indicador interesante para la investigación en neurogenética.

☑ Si somos profesores de música, el libro nos habrá informado, o ese era el objetivo de la autora, y sobre todo nos habrá llevado a la reflexión. Es importante estar bien informados para diferenciar lo verdadero de lo falso, lo conocido de lo desconocido hasta hoy.

En general la labor docente que ejercen los profesores puede servir para afianzar la confianza de la persona en sus intuiciones musicales innatas y para agilizar su calibrado, su precisión por medio de la estimulación y la imitación. Existen, sin embargo, unos límites en cuanto a lo que el niño y el adulto pueden asimilar y expresar. En el plano cognitivo, la música que se les propone debe respetar las convenciones de su cultura y, por inferencia, de su cerebro.

Como docentes, podemos implicarnos en los proyectos de investigación aplicada. Se impone la necesidad de realizar estudios. Por ejemplo, ¿es importante aprender a leer la música? ¿Es más eficaz el método Suzuki, que pone más el acento en la escucha que en el código escrito, que un método tradicional? ¿Es preferible enseñar a improvisar o a seguir un repertorio escrito? ¿Prima el aprendizaje vocal o el instrumental? ¿En solitario o en pequeño grupo? Sin duda, la eficacia de los métodos depende de los propios métodos, pero también de la edad y del contexto socioeconómico. La regla de oro es la de investigar la viabilidad y la eficacia y asegurar la distribución aleatoria (aleatorización) en los grupos a estudiar. Es una regla de oro difícil de seguir en el medio natural. Precisa una voluntad política, hacia la que nos dirijamos ahora mismo.

☑ Si somos consejeros pedagógicos habremos apreciado sin duda las importantes ventajas del aprendizaje de la música, con el apoyo de las (neuro)ciencias contemporáneas. En Francia, el gobierno ha captado a la perfección su importancia y ha garantizado la enseñanza musical obligatoria en primaria y secundaria. Quebec da una imagen lamentable: la enseñanza de la música no es obligatoria; tan solo es obligatorio un curso de artes (arte dramático, artes plásticas, danza y música), con unos sistemas de aplicación bastante confuso. ¡Muchos alumnos quebequeses no han asistido en su vida a una clase de música! Hay que dar relieve a la educación musical.

Incluso en los países más avanzados en este campo quedan en el aire muchas preguntas: ¿Por qué asignar más horas a la educación física y a las matemáticas que a la música? ¿Es mejor impartir las clases de música en la escuela o fuera de esta? Precisamos estudios sistemáticos. En conclusión, para conseguir un avance en la educación musical hace falta financiación y un marco para los estudios de campo controlados: el equivalente a los experimentos clínicos en medicina.

Por último, todos deberíamos tener la posibilidad de aprender música, precisamente porque la música es importante para la sociedad.

## Referencias citadas

[1] Spitzer, M. (2012), «Education and neuroscience», *Trends in Neuroscience and Education*, 1, pp. 1-2.

# ANEXO: EVALUACIÓN DE LAS CAPACIDADES MUSICALES

¿POR QUÉ? A fin de identificar la fuerza (aptitud) y la debilidad (amusia) musicales, es importante situar el rendimiento en relación con un grupo de referencia. Para ello, quien evalúa puede juzgar, evidentemente, por su experiencia o bien consultar con un experto. Hay que tener en cuenta, sin embargo, que la capacidad musical no es directamente observable. Para llevar a cabo la evaluación disponemos de unas herramientas objetivas.

¿QUÉ CAPACIDADES HAY QUE EVALUAR? La evaluación suele limitarse a la percepción y a la memoria. En cambio, para la admisión en una escuela de música suele realizarse una audición.

¿CÓMO? Existen distintas baterías de pruebas. La más extendida es la *Advanced Measures of Audiation* de Gordon [1]. En ellas deben compararse una serie de melodías sucesivas y establecer si son idénticas o distintas. Las diferencias pueden afectar al ritmo o a la melodía. La mayoría de pruebas que presentamos a continuación utilizan un planteamiento similar. La ventaja de las de Gordon estriba en que se han realizado en unas muestras de población considerables, en las que se incluyen niños. Las normas permiten situar los resultados obtenidos en relación con la población corriente. La batería de Gordon tiene como inconveniente su inconsistencia en el campo conceptual y la dificultad de obtención.

Las baterías más recientes reflejan mejor los conceptos de la investigación actual. Presentamos unos cuantos ejemplos de ellas.

El *Musical Ear Test* (MET) [2] tiene la ventaja de ser corto (20 minutos), aunque no dispone de normas; está adaptado sobre todo a los músicos adultos. Otra batería, la *Profile of Music Perception* (PROMS) [3], que incluye nueve pruebas de percepción del tempo, de la entonación (*tuning*), del timbre, del tono, del ritmo, de la melodía y de los acentos, aún no dispone de normas, pero tiene fácil acceso. Es una batería que puede descargarse o utilizarse en línea [4].

El índice de musicalidad que más promete es el *Goldsmiths Musical Sophistication Index* [5]. Se diferencia de las demás baterías en más de un apartado. De entrada, se basa en las respuestas de más de 15.000 participantes de edad y entornos distintos. Presenta un perfil interesante al poner a prueba el recuerdo de las melodías, la percepción de la pulsación (*beat*) y la percepción del estilo, así como una autoevaluación. Puede descargarse el conjunto en línea [6].

En la Universidad de Montreal hemos creado una prueba similar en línea [7], el *Online Test of Amusia*, que incluye tres pruebas que se basan en la comparación de melodías y la detección de incongruencias tonales y rítmicas e incluyen un cuestionario de autoevaluación. Tiene disponibles resultados sobre más de 15.000 personas. La prueba está enfocada básicamente en la identificación rápida de las dificultades musicales, como las que encontramos en la amusia, aunque puede utilizarse en cualquier contexto, ya sea o no clínico. Es importante el hecho de que presenta los resultados en línea.

Para terminar, las baterías que se han descrito hasta aquí están adaptadas a los adultos, aunque no van dirigidas a los más pequeños, a excepción del *Advanced Measures of Audiation* de Gordon. A fin de realizar las pruebas a los pequeños (de entre cinco y ocho años) hemos creado una breve batería de tests aplicados al campo teórico y empírico [9] que puede descargarse gratuitamente: la *Montreal Battery of Evaluation of Musical Abilities* (MBEMA) [10], que puede realizarse desde los cinco o seis años y también en la edad adulta. Incluye tres pruebas: percepción de la melodía, percepción del ritmo y memoria melódica. Se encuentra en periodo de validación una versión para tableta.

LÍMITES. Ninguna de estas pruebas efectúa evaluación sobre el canto, a pesar de ser tan natural como la letra, como hemos explicado anteriormente. El canto permite evaluar la melodía, el ritmo, las emociones e incluso la improvisación, por lo que presenta una clara ventaja frente a los tests de percepción y de memoria actualmente disponibles. Una carencia que pronto será subsanada, puesto que están en proceso de elaboración una serie de pruebas de canto analizado automáticamente.

## Referencias citadas

[1] Gordon, E. E. (1989), *Advanced Measures of Music Audiation, Riverside Publishing Company.*

[2] Wallentin, M., Nielsen, A. H., Friis-Olivarius, M., Vuust, C. y Vuust, P. (2010), «The Musical Ear Test, a new reliable test for measuring musical competence», *Learning and Individual Differences*, 20 (3), pp. 188-196.

[3] Law, L. y Zentner, M. (2012), «Assessing musical abilities objectively: Construction and validation of the Profile of Music Perception Skills», *PLoS One*, 7 (12), e52508.

[4] «Profile of Music Perception Skills (PROMS)», https://www.uibk.ac.at/psychologie/fachbereiche/pdd/personality_assessment/proms/take-the-test/.

[5] Müllensiefen, D., Gingras, B., Musil, J. y Stewart, L. (2014), «The musicality of non-musicians: An index for assessing musical sophistication in the general population», *PloS One*, 9 (2), e89642.

[6] «Goldsmiths Musical Sophistication Index (Gold-MSI)», http://www.gold.ac.uk/music-mind-brain/gold-msi/download/.

[7] Peretz, I. y Vuvan, D. T. (2017), «Prevalence of congenital amusia», European Journal of Human Genetics, 25, pp. 625-630.

[8] «Montreal Battery of Evaluation of Amusia (MBEA)», http://www.peretzlab.ca/knowledge_transfer/

[9] Peretz, I., Gosselin, N., Nan, Y., Caron-Caplette, E., Trehub, S. E. y Béland, R. (2013), «A novel tool for evaluating children's musical abilities across age and culture», *Frontiers in Systems Neuroscience*, 7, pp. 30.

[10] «Montreal Battery of Evaluation of Musical Abilities (MBEMA)», http://www.peretzlab.ca/knowledge_transfer/.

# BIBLIOGRAFÍA

## 1. El placer musical

Zatorre, R. J. y Salimpoor, V. N. (2013), «From perceptionto pleasure: Music and its neural substrates», *Proceedings of the National Academy of Sciences of the United States of America*, 110 (suppl. 2), pp. 10430-10437.

Chanda, M. L. y Levitin, D. J. (2013), «The neurochemistry of music», *Trends in Cognitive Sciences*, 17 (4), pp. 179-193.

## 2. Somos musicales de nacimiento

Trainor, L. J. y Hannon, E. E. (2013), «Musical development», *in* D. Deutsch (dir.), *The Psychology of Music*, Academic Press, 3ª ed., p. 423-497.

Stalinski, S. M. y Schellenberg, E. G. (2012), «Music cognition: a developmental perspective», *Topics in Cognitive Science*, 4, p. 485-497.

## 3. La música al servicio del aprendizaje de otras materias escolares

Trainor, L. J. y Hannon, E. E. (2013) «Musical development», *in* D. Deutsch (dir.), *The Psychology of Music, Academic Press*, 3ª ed., p. 423-497.

Schellenberg, E. G. y Weiss, M. W. (2012), «Music and cognitive abilities», *Topics in Cognitive Science*, 4, pp. 485-497.

## 4. La práctica de la música modela el cerebro

Herholz, S. C. y Zatorre, R. J. (2012), «Musical training as a framework for brain plasticity: Behavior, function, and structure», Neuron, 76, pp. 486-502.

## 5. ¿Existe un periodo crítico para el aprendizaje de la música?

Trainor, L. J. (2005), «Are there critical periods for musical development?», *Developmental Psychobiology*, 46 (3), pp. 262-278.

## 7. El talento musical

McPherson, G. E. y Lehmann, A. C. (2012), «Exceptional musical abilities :Musical prodigies», *in* G. McPherson y G. Welch (dir.), *The Oxford Handbook of Music Education*, Oxford University Press, vol. 2.

## 8. El bagage genético

Gingras, B., Honing, H., Peretz, I., Trainor, L. J. y Fisher, S. E. (2015), «Defining the biological bases of individual differences in musicality», Philosophical Transactions of the Royal Society of London Series B, Biological Sciences, 370, pp. 20140092.

## 9. La cuestión del oído absoluto

Loui, P. (2016), «Absolute pitch», in S. Hallam, I. Cross y M. Thaut (dir.), *Oxford Handbook of Music Psychology*, Oxford University Press, 2ª ed.

## 10. La amusia congénita

Peretz, I. (2008), «Musical disorders», *Current Directions in Psychological Science*, 17, pp. 329-333.

## 11. Cantar es tan natural como hablar

Peretz, I. (2009), «Music, language, and modularity framed in action», *Psychologica Belgica*, 49, pp. 157-175.

## 12. Bailar es también expresarse musicalmente

Richter, J. y Ostovar, R. (2016), «"It don't mean a thing if it ain't got that swing" – An alternative concept for understanding the evolution of dance and music in human beings», *Frontiers in Human Neuroscience*, 10, pp. 485.

## 15. ¿Cómo aprender?

Bjork, R. A. (1999), « Assessing our own competence: heuristics and illusions», *in* D. Gopher and A. Koriat (dir.), *Attention and Performance XVII. Cognitive Regulation of Performance: Interaction of Theory and Application*, MIT Press, p. 435-459.

Dehaene, S., «Les grands principes de l'apprentissage. Séminaire Sciences cognitives et éducation (ministère de l'Éducation nationale/Collège de France)», https://www.youtube.com/watch?v=4NYAuRjvMNQ.

Tan, S. L., Pfordresher, P. y Harré, R. (2010), «Practice and musical expertise», *in Psychology of Music: From Sound to Significance*, Psychology Press, p. 179-197.

## 16. Del laboratorio al aula

Roediger, H. (2013), «Applying cognitive psychology to education: Translational educational science», Psychological Science in the Public Interest, 14 (1), pp. 1-3. 152

# AGRADECIMIENTOS

Stalaislas Dehaene es quien hizo saltar la chispa que me hizo ver la luz sobre la necesidad de escribir este libro. El fuego se alimentó al reanudar mi vida musical activa después de treinta y cinco años de abstinencia, gracias a la orquesta de la Sociedad de guitarra clásica de Montreal. En esta decisión de volver tuvo un importante papel la vocación admirable de mi hijo David, músico y profesor de música. ¡Y qué decir tengo de la llama que aviva mi profesora de guitarra y amiga, Isabelle Héroux, que imparte clases de pedagogía musical en la Universidad de Quebec (Montreral)! Ella es quien ha leído, comentado y argumentado, con gran virtuosismo, si se me permite la expresión, unas cuantas versiones anteriores del manuscrito.

Mi agradecimiento vehemente también a tres de mis amigas, a las que escogí como primeras lectoras de la obra, pues me insuflaron un entusiasmo infinito o me expresaron sus pequeñas dudas con gran indulgencia: Claire Chamberland, profesora emérita de la Escuela de Servicio social de la Universidad de Montreal; Sonia Lupien, profesora del departamento de psiquiatría de la Universidad de Montreal; y Christel Sorin, ingeniera e investigadora en el campo de la psicoacústica.

Mil gracias asimismo a Isabelle Lussier, amiga, artista y doctora en neuropsicología, quien se ofreció para realizar todos los croquis.

Y no tengo palabras para calificar el entusiasmo y la profesionalidad de Odile Jacob y de Maraie-Lorraine Colas. He de expresar a las dos mi más sincera gratitud.

Por último, he tenido el privilegio de ser titular de dos cátedras de investigación –la cátedra Casavant de la Universidad de Montreal y la cátedra de investigación en neurocognición musical de Canadá–, que me han permitido poner mis conocimientos científicos al servicio de la comunidad. Con ello he aprendido mucho sobre la práctica musical.

## CÓMO VIVIR SIN DOLOR SI ERES MÚSICO

### Ana Velázquez

Los músicos están expuestos –más que la mayoría de las profesiones– a lesiones musculares y articulares debido a la repetición de sus movimientos. La mejor manera de prevenirlas es enseñando desde los comienzos la más óptima colocación del instrumento y evitar las alteraciones en el sistema postural.

Este libro ofrece los recursos necesarios en cada tipo de instrumento para mejorar la postura interpretativa y evitar lesiones que mermen el trabajo de un músico. Tiene como finalidad optimizar el rendimiento y calidad artística del músico ya que ofrece recursos para mejorar la postura interpretativa y en consecuencia la relación que cada músico tiene con su instrumento.

## TÉCNICA ALEXANDER PARA MÚSICOS

### Rafael García

La técnica Alexander es cambio. Un cambio de conducta que implica una visión más amplia de la música y del intérprete. La atención no se centra exclusivamente en los resultados, sino también en mejorar y cuidar todas aquellas áreas que conducen a una experiencia musical más satisfactoria.
Aprender a ver más allá del atril, levantarse de vez en cuando de la silla para tomar aire y reemprender la tarea con energía renovada, representa una medida saludable para el músico.
La técnica Alexander toma de la mano tanto las necesidades artísticas del intérprete, como los pilares del funcionamiento corporal que promueven en él una postura sana y movimientos libres. El resultado es beneficioso para ambos. La faceta artística del músico se amplía enormemente al reducir el número de interferencias en la interpretación, y a su vez, el bienestar corporal alcanzado lleva a una experiencia de mayor satisfacción.

## MUSICOTERAPIA

### Gabriel Pereyra

Este libro ofrece un viaje por el mundo del sonido y del ritmo.
A lo largo de sus páginas irán apareciendo un sinfín de posibilidades inexploradas que puede otorgar el poder de la música, acompañadas de diversos ejemplos para mejorar el nivel de relajación o aumentar la concentración, y otros para combatir el estrés o aliviar el dolor.
Gracias a los ejercicios planteados, el lector podrá desarrollar su musicalidad y alcanzar el equilibrio en la vida cotidiana, agudizando los sentidos, y mejorando su salud física y mental.

- La influencia de la música sobre el cuerpo humano.
- Los cuatro tipos de oyentes.
- El efecto Mozart.